J. GIROUD DE VILLETTE

ANCIEN AVOCAT A LA COUR ROYALE DE PARIS

LE PREMIER AÉROSTAT MONTÉ

« Celui qui blesse la vérité,
« offense les dieux. »
(FÉNELON)

AUGUSTE GHIO, ÉDITEUR

PALAIS-ROYAL, 1, 3, 5, 7, GALERIE D'ORLÉANS.

1880

CHEZ LE MÊME ÉDITEUR

AVENTURES DE M. ET Mme DURUOF

Les soixante ascensions de Duruof, racontées par lui-même, et recueillies par *Wilfrid de Fonvielle*, avec portraits, gravures et autographes.

1 vol. In-18 Jésus : 2 francs.

LA CONQUÊTE DE L'AIR

Par *Wilfrid de Fonvielle*

1 vol. In-18 Jésus : 1 franc.

LES DÉBUTS DU VOYAGE EN ZIG-ZAG

Par *Wilfrid de Fonvielle*

Vues à 1500 et à 3000 mètres du sol, dessinées d'après nature par M. MIRANDA.

1 vol. In-18 Jésus : 1 franc.

LA SCIENCE EN BALLON

Par *Wilfrid de Fonvielle.*

1 volume In-18 : 2 francs.

TABLEAU PRATIQUE DE LA NAVIGATION AÉRIENNE

Grand in-folio en noir : 2 francs. — Colorié : 2 fr. 50.

HISTOIRE DE MES ASCENSIONS

Par *Gaston Tissandier.*

1 vol. In-18 Jésus : 2 francs.

Paris, le 30 décembre 1879.

A MONSIEUR LE SECRÉTAIRE PERPÉTUEL
DE L'ACADÉMIE FRANÇAISE.

J'ai l'honneur de vous prier de vouloir bien inscrire ma candidature au prix Marcelin Guérin (Concours de 1880) pour le **Premier Aérostat monté,** *ouvrage qui ne m'a pas été seulement suggéré pour rendre une justice tardive à un membre de ma famille, mais pour rendre hommage à la vérité, et dans lequel il m'a été permis d'élucider plusieurs points d'histoire demeurés obscurs, et d'essayer* **de relever** *dans l'homme et les hommes* **le niveau moral.**

Daignez agréer l'expression de mes sentiments respectueux.

J. Giroud de Villette,
Anc. Avocat à la Cour Royale de Paris.

T. S. V. P.

Extrait du programme
des Concours académiques pour 1880.

PRIX MARCELIN GUÉRIN

L'Académie décernera, en 1880, le prix annuel de cinq mille francs, fondé par feu M. Marcelin Guérin.

Ce prix, selon les intentions du fondateur, est destiné à récompenser les livres et les écrits qui se seraient récemment produits en histoire, en éloquence et dans tous les genres de littérature, et qui paraîtraient les plus propres à honorer la France, *à relever parmi nous les idées, les mœurs et les caractères, et à ramener notre société* AUX PRINCIPES LES PLUS SALUTAIRES POUR L'AVENIR.

Paris. — Imp. A. Godement, rue des Martyrs, 18.

A Monsieur Renan
de l'Académie française.
Hommage de l'Auteur.
[illegible]

LE PREMIER AÉROSTAT

MONTÉ

J. GIROUD DE VILLETTE

ANCIEN AVOCAT A LA COUR ROYALE DE PARIS

LE PREMIER AÉROSTAT MONTÉ

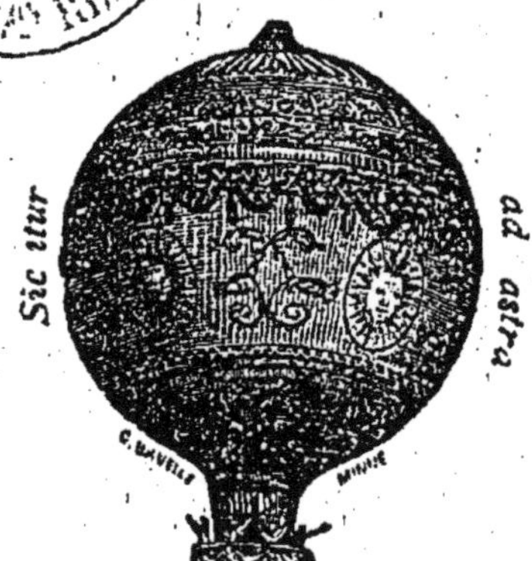

» Celui qui blesse la vérité,
« offense les dieux. »
(FÉNELON)

AUGUSTE GHIO, ÉDITEUR

PALAIS-ROYAL, 1, 3, 5, 7, GALERIE D'ORLÉANS.

1880

Ce volume a été déposé au ministère de l'intérieur, (section de la Librairie) en Mars 1880.

Paris. — Imprim. V. FILLION et Cie, rue des Martyrs, 18.

ASCENSION DU 19 OCTOBRE 1783

(1er Aérostat monté)

GIROUD DE VILLETTE

C'était un spectacle bien extraordinaire en effet que de voir, pour la première fois, des hommes portés à cette élévation, et s'y soutenir sans danger et sans inquiétude.

FAUJAS DE SAINT-FONDS, t. 1, page 275

AVIS DE L'ÉDITEUR

La préface est un avertissement mis à la tête d'un livre; c'est ce qu'on dit dans un récit avant d'en venir au fait, et, comme l'enseigne l'Académie, la préface rend compte de l'ouvrage.

Un journal l'a faite d'avance pour nous : l'*Assemblée nationale*, sous la plume de son rédacteur en chef, et nous la reproduisons, autant dans l'intérêt du lecteur que dans celui de l'auteur.

Nous ajouterons que ce livre donne, dans ses plus intéressants détails, l'histoire spéciale et particulière de la première et mémorable ascension qui eut lieu à Paris, en 1783, après l'importante découverte qui immortalisa les frères de Montgolfier.

Le Premier Aérostat monté est divisé en huit chapitres, accompagnés de notes, dont le sixième est consacré à la famille de Montgolfier, à laquelle on doit l'invention des aérostats; les septième et huitième comprennent la biographie des personnages célèbres et la géographie des lieux cités dans cet ouvrage.

EXTRAIT

DE

L'ASSEMBLÉE NATIONALE

LE PREMIER AÉROSTAT MONTÉ

Les graves événements qui se passent ne doivent pas nous faire oublier les questions intéressant la science et les grandes découvertes de l'esprit humain.

Des documents trouvés récemment donnent des détails très curieux sur l'ascension du premier aérostat monté qui eut lieu à Paris dans les merveilleux jardins de l'hôtel Titon, rue de Montreuil, le 19 octobre 1783.

C'est dans cette ascension, la première de toutes, que prit place, à côté du célèbre aéronaute Pilâtre de Rozier, si connu par sa mort terrible, le jeune physicien-chimiste André Giroud de Villette, l'un des illustres savants de cette époque et des hommes distingués par leurs lumières et par leur rang, qui eut la gloire de s'élancer avec lui dans les airs.

Giroud de Villette était l'ami des Montgolfier, qui créèrent en France l'industrie de la fabrication du papier, et l'associé de Réveillon, si connu dans les annales de la Révolution.

Des écrivains nombreux ont fait l'histoire de l'aérostation et des hommes courageux qui, au péril de leur vie, ont accompli les premiers voyages aériens; personne cependant, jusqu'à ce jour, n'avait encore songé à écrire l'histoire spéciale et particulière du premier aérostat monté.

C'est ce que M. Jules Giroud de Villette, ancien avocat à la Cour royale de Paris, vient de faire avec autant de clarté que de vérité, dans un travail remarquable qu'il a bien voulu nous communiquer.

Dans ce travail, il constate que son oncle, André Giroud de Villette, indépendamment de l'ascension dans laquelle il osa le premier réclamer et obtenir le périlleux honneur d'inaugurer la route de ciel, est aussi le premier qui, dans une lettre *officielle* du 20 octobre 1783, a signalé les avantages qu'on pouvait retirer de l'application de l'aérostation à l'art militaire et qui, sur ce point, a fait école.

C'est pourquoi il nous a paru juste, ici, d'accorder à ce jeune et intrépide physicien la part de renommée qu'il s'est acquise *en accompagnant seul*, *et le premier de tous,* Pilâtre de Rozier dans la mémorable ascension du 19 octobre 1783, et en indiquant, le premier, *l'utilité des aérostats pour les armées en campagne.*

Nous nous faisons un devoir de rappeler ces souvenirs historiques et de porter le travail extrêmement intéressant de M. J. Giroud de Villette à la connaissance du public.

Le Rédacteur politique :

ADRIEN DE LA VALETTE

I

Le premier ascensioniste. — André Giroud de Villette. — Une revendication. — Lacune de la Bibliothèque nationale. — Lettre de M. Léopold Delisle. — Lettre du colonel Laussédat. — L'aérostation militaire. — Les oublis de Dupuis Delcourt, de M. Louis Figuier et de la *Biographie Michaud*. — Faujas de Saint-Fond et le *Journal de Paris*. — Témoignage de Nougaret. — Tiberre Cavallo. — MM. Julien Turgan, Fulgens Marion, Arthur Mangin et Duckett. — M. Wilfrid de Fonvielle et ses *Aventures aériennes*. — Les frères Tissandier et l'*Histoire des Ballons*. — Croce-Spinelli et Sivel. — La catastrophe du *Zénith*. — Les Mémoires autographes de Pilâtre de Rozier. — L'ascension du coq, du canard et du mouton. — Lettre inédite d'Etienne de Montgolfier. — Le roi Louis XVI et la reine Marie-Antoinette à Versailles, en 1783. — Le refrain de Beaumarchais. — Les pistolets de l'aéronaute et des chansons.

L'invention des aérostats, qui date de la fin du XVIIIe siècle, a produit à cette époque une émotion universelle et une admiration profonde. C'était alors un appareil propre à s'élever et à se soutenir dans les airs, c'est aujourd'hui un ballon rempli d'un fluide plus léger que l'air.

Des écrivains nombreux ont fait l'histoire de l'aérostation et des hommes courageux qui au péril de leur vie, ont accompli les premiers voyages aériens.

La plupart de ces écrivains ont cependant oublié de mentionner le nom de l'un des illustres savants de cette époque, celui de Giroud de Villette, qui, avec Pilâtre de Rozier, eut la gloire de prendre place dans le premier de tous les aérostats montés, *le Réveillon*, enlevé, à Paris, le 19 octobre 1783.

Giroud de Villette eut encore un mérite qui recommande son nom à l'histoire, celui d'avoir, *le premier de tous*, signalé l'application de l'aérostation à l'art militaire.

André Giroud de Villette est né à Clamecy (1), en 1752. Il s'était marié, à Turin, avec la fille d'une noble famille du Piémont, Mademoiselle Marie-Thérèse-Ferdinande de Ferrero; il est mort, à Paris, en 1787, à la fleur de l'âge, à 35 ans. Il fut inhumé au cimetière de Sainte-Marguerite, attenant alors à l'église paroissiale du même nom, érigée en cha-

(1) L'origine de la fondation de Clamecy, patrie d'André Giroud de Villette, paraît dater de l'an 655 après J.-C. Elle est attribuée à Saint-Pallade, évêque d'Auxerre, qui aurait détaché des biens de l'église de Saint-Étienne les terres de Vaux et de Clamecy, qu'il nomme *Clémenciacus*, et que le roi Dagobert lui avait données. — Ses habitants furent affranchis par Hervé, comte de Nevers, qui leur octroya une charte de délivrance en 1213. — Clamecy tire son nom d'un capitaine romain, Clementius, qui nomma cette ville URBS CLEMENTII la ville de Clémentius. Elle est aussi désignée sous le nom de URBS CLEMENTIARUM, nom de quelques temples bâtis en l'honneur de la Clémence, divinité envers laquelle les Romains se piquaient de beaucoup de dévotion. — On sait, en effet, que ces peuples, quoique les plus éclairés qui fussent au monde

pelle en 1625 et devenue succursale en 1634 (1). Il était fils de Giroud de Villette, ancien échevin (2), né en 1726, et de Jeanne du Buisson, fille du notaire royal à la résidence de Clamecy.

Son père avait été, dans le pays, surnommé LE

---

dans toutes les sciences et dans tous les arts, étaient les plus aveugles en fait de religion, qu'ils divinisèrent les vices et les vertus et qu'ils édifièrent même un temple à la Fièvre.

(1) Cette église se trouve encore aujourd'hui rue Saint-Bernard, faubourg Saint-Antoine. Deux arcades forment l'entrée de ce temple et présentent entre elles le portrait en médaillon du célèbre mécanicien Vaucanson, l'inventeur du fameux canard mécanique, mort en 1782.

C'est dans la fosse commune de ce cimetière que fut enterré, le 8 juin 1795, à l'âge de 10 ans, le fils de Louis XVI, Louis-Charles de France, duc de Normandie, celui que la providence condamnait à s'appeler un jour Louis XVII. Le roi Louis XVIII, son oncle, fit en vain rechercher les restes de ce rejeton royal, à la mémoire duquel un monument expiatoire fut voté, en 1816 par les deux Chambres, à la demande de M. de Châteaubriand.

(2) Les échevins (*scabini*). — « Cette dignité fut créée par » Charlemagne, quand il entreprit de réprimer les désordres » du dedans et de mettre son propre gouvernement à la place » de l'anarchie du monde romain en ruines et du monde bar- » bare en proie à des forces aveugles et déréglées. Ces digni- » taires se trouvaient faire partie de la première classe du » gouvernement local, et étaient, après les ducs, les comtes, » les vicaires des comtes et les centeniers, des officiers ou ma- » gistrats résidant sur les lieux, nommés par l'empereur lui- » même, chargés d'agir en son nom, et dont l'autorité consis- » tait à lever des troupes, rendre la justice, maintenir l'ordre » et percevoir les tributs. » — (GUIZOT. — *Histoire de France racontée à mes petits-enfants.*)

Les échevins réunissaient donc le double caractère de juges et d'administrateurs ; plus tard ils furent élus par les notables des villes, confirmés par le roi, et prêtaient serment à genoux entre ses mains. Ils furent supprimés par la loi du 14 décembre 1789, qui organisa de nouvelles municipalités.

LINGOT D'OR, par allusion à sa grande fortune. Il possédait alors, en effet, un grand nombre de fiefs seigneuriaux dans la province du Nivernais, notamment les terres et domaines de Saint-Martin, de Thurigny, du Pavillon et de Villette. De nos jours, cette dernière terre était devenue la propriété du riche banquier Thomas Varennes, ancien receveur général des finances et l'ami d'Ouvrard ; elle a passé ensuite entre les mains de la famille de Rigny. Quant au domaine du Pavillon, il consistait alors dans les vestiges d'une vieille tour féodale ou espèce de pavillon (près de l'église à côté de la maison qu'occupaient les religieuses de la Providence), enfermé dans la vaste enceinte de l'ancien château des comtes de Nevers et sur l'emplacement de laquelle se trouve actuellement bâtie une grande partie de la ville et de ses faubourgs.

André Giroud de Villette, comme tous les autres membres de cette famille, descendait par ses ancêtres des seigneurs de Villette, sortis de la maison de Belot et de Levallois, par suite de plusieurs alliances, du côté des femmes, entre ces diverses familles.

Sous Henri IV, pendant l'administration de Sully, qui combattit les prétentions de Gabrielle d'Estrées, les terres de Dollans, de Brettenans et de Rantechaux, qui étaient la propriété de la famille de Belot (de Franche-Comté), furent réunies et érigées en marquisat, par lettres patentes de juillet 1606, en faveur de J.-F. Belot.

A l'époque de la féodalité, dans le Nivernais aussi bien que dans diverses provinces de France, mais notamment à Clamecy, les familles n'étaient pas connues par des noms fixes et héréditaires ; les seigneurs et les gentilshommes les PRENAIENT ordinairement des terres qu'ils possédaient : ce fut coutume jusqu'en 1789.

De là le nom primordial et patronymique de la famille Giroud de Villette, que le premier compagnon de Pilâtre a particulièrement honoré.

L'aérostation, à partir du commencement de ce siècle jusqu'en 1850, n'a guère été l'objet d'études très suivies ; mais, depuis vingt-cinq ans, des hommes hardis et dévoués à la science ont exécuté, dans des conditions souvent périlleuses, des ascensions nombreuses et dans lesquelles ils ont observé des faits ou découvert des phénomènes atmosphériques inconnus jusque-là (1). L'impulsion est aujourd'hui donnée, les ascensions en ballon se multiplient et produisent des résultats intéressants, toujours utiles.

(1) Nous devons signaler, parmi ces hommes plein de dévouement, un publiciste très distingué, M. A. Launoy (de la Creuze), chevalier de l'ordre de la Légion d'honneur, décoré de la médaille de Crimée, etc., etc., qui a donné à l'aérostation une impulsion très vive, en exécutant, de 1852 à 1854, douze ascensions qui ont été l'objet de communications intéressantes à l'Institut et d'un rapport favorable de l'illustre secrétaire perpétuel de l'Académie des Sciences, membre de l'Académie française, M. Dumas. M. Launoy a fait, avec des missions officielles, les campagnes de la Baltique, de Crimée et d'Italie, et a établi l'importance et l'utilité de l'aérostation appliquée aux signaux et aux reconnaissances militaires.

Le ministre de la guerre de 1875, M. le général de Cissey, pensant, comme Giroud de Villette, et comme beaucoup de grands esprits après lui, que les ballons peuvent rendre de véritables services aux armées, a nommé une commission d'aérostation militaire à la tête de laquelle il a placé le colonel Laussédat, savant éminent.

Voulant enfin réparer l'oubli dont la mémoire d'André Giroud de Villette, notre oncle, a été victime, nous avons écrit à M. l'administrateur de la Bibliothèque nationale et à M. le colonel Laussédat, qui nous ont accueilli avec bienveillance et nous ont adressé les lettres suivantes :

Direction
de la
BIBLIOTHÈQUE
NATIONALE

« Paris, le 13 septembre 1875.

« Monsieur,

» La Bibliothèque nationale accepte avec reconnaissance l'offre gracieuse que vous voulez bien lui faire du portrait de votre oncle, feu M. Giroud de Villette, qui manque, en effet, dans les collections du Département des Estampes.

» Vous mettriez le comble à votre libéralité, monsieur, en nous donnant deux exemplaires de ce

» portrait qui prendrait place, l'un dans nos porte-
» feuilles sur les aérostats, l'autre dans la collection
» des portraits (1).

» Veuillez agréer, Monsieur, l'assurance de ma
» considération distinguée.

» *L'Administrateur général, Directeur,*

» L. Delisle. »

« *A Monsieur Giroud de Villette, ancien avocat*
» *à la cour d'appel de Paris.* »

Le Colonel du Génie
LAUSSÉDAT
Président de la Commission
des *Aérostats*
Au Ministère de la Guerre.

« Paris, le 23 octobre 1875.

» Monsieur,

» J'ai, en effet, eu l'occasion de faire quelques
» observations intéressantes pendant l'ascension du
» 11 septembre dernier, en compagnie du com-

(1) Ce portrait, ainsi que la gravure qui l'accompagne, représentant la première ascension du premier aérostat monté, se trouve actuellement déposé au cabinet du Département des Estampes de la Bibliothèque nationale, sous les numéros d'ordre de leur place respective, à la lettre G., du vol. n° 2.

» mandant Delambre et du capitaine Renard, » qui appartiennent comme moi à l'arme du » génie.

» Je suis tout disposé à vous les communiquer, » quand vous le désirerez; mais je ne pense pas, » sauf erreur de ma part, qu'elles soient de nature » à ajouter le moindre éclaircissement à l'histori- » que de la célèbre ascension de Pilâtre de Ro- » zier et de Giroud de Villette, votre illustre » parent.

» Je serai très heureux de recevoir la photogra- » phie de l'un des deux premiers aéronautes qui » ont attaché leurs noms à une entreprise *si hardie* » QU'ELLE ÉTAIT TAXÉE DE FOLIE, et je prends la li- » berté, monsieur, de vous indiquer aussi la So- » ciété de navigation aérienne dont les membres » seraient, à coup sûr, très flattés de posséder les » traits du premier compagnon de l'infortuné Pi- » lâtre.

» Cette Société, dont vous connaissez certaine- » ment l'existence, et qui a fourni tout dernière- » ment son contingent de victimes à l'aéronautique » (Croce-Spinelli et Sivel), a son siège rue La- » fayette, 95.

» Excusez-moi, monsieur, si je vous exprime à » mon tour un vœu; j'espère que vous en appré- » cierez le motif qui est de perpétuer parmi les » personnes qui s'intéressent à l'art si difficile de » voyager dans les airs le souvenir de ceux qui » leur ont montré la route.

» Veuillez agréer, Monsieur, l'expression de mes » sentiments de haute considération.

» A. LAUSSÉDAT (1),
» 15, rue Vaneau. »

« *A Monsieur Giroud de Villette, ancien avocat à la cour d'appel de Paris.* »

---

(1) M. le colonel du génie Laussédat, officier de la légion d'honneur, est membre du Bureau des Longitudes et professeur de géométrie appliquée au Conservatoire des Arts et Métiers. Cet officier supérieur, en sa qualité de président de la commission des aérostats au ministère de la guerre, a procédé, les 11 septembre et 30 octobre 1875, dans les jardins du Conservatoire des Arts et Métiers, assisté du commandant Delambre et du capitaine Renard, sous la conduite de l'habile aéronaute Godard, à une série d'expériences dont les résultats ne sont pas encore publiés. — Dans une troisième ascension, entreprise le 8 décembre 1875, sous la conduite du même aéronaute, assisté de son aide, M. Thez, l'intrépide et persévérant colonel, accompagné des mêmes officiers, auxquels s'étaient adjoints MM. le commandant Mangin, le capitaine Bidard, le lieutenant Bastoul et M. Albert Tissandier, ont failli payer de leur vie leur dévouement à la science et au pays. Partis de l'usine à gaz de la Villette, dans le ballon l'*Univers*, les huit voyageurs qui étaient déjà à une altitude de 250 mètres, ont été tout à coup précipités, et en deux ou trois secondes, avec une vitesse vertigineuse, dans un terrain de maraîcher de la rue de Lagny, à Montreuil, et avec une telle violence que tous les voyageurs en ont plus ou moins souffert. M. Albert Tissandier et l'aéronaute Godard sont les seuls qui, en se pendant après les cordages, ont pu éviter le choc. Tous leurs autres compagnons de voyage ont été très gravement blessés. — La cause de cette catastrophe est attribuée à l'échappement trop rapide du gaz par la soupape et par une déchirure de l'enveloppe, causée par le craquement de l'étoffe, gelée en cet endroit. — La fuite du gaz a été produite par la soupape, dont les ressorts étaient couverts de givre et fonctionnaient mal.

M. le colonel du génie Laussédat se livre, depuis plusieurs années, au parc de Montsouris, à l'étude de l'art aérostatique en campagne. Il a eu pour initiateur, il y a près d'un siècle, dans la voie qu'il suit aujourd'hui, ce même Giroud de Villette qui, quoique jeune, comptait déjà parmi les savants de son époque, et dont les idées ont depuis fait école.

Giroud de Villette, qui avait alors trente ans à peine, fut, « parmi les hommes distingués par leurs lumières et par leur rang » qui se disputèrent à ce moment-là l'honneur de s'embarquer dans la nacelle aérienne, le premier, par dévouement pour la science, à réclamer et à obtenir le périlleux honneur d'inaugurer la route du ciel. Il est donc juste d'accorder à cet intrépide expérimentateur la part de renommée qu'il s'est acquise, en accompagnant seul et, il faut le répéter, le « premier de tous », le célèbre aéronaute Pilâtre de Rozier dans l'ascension du 19 octobre 1783.

Aussi est-ce avec intention que nous appuyons sur cette circonstance qu'il fut *le premier*, parce que quelques historiens, mal renseignés sans doute, ont négligé de mentionner cet acte de courage, et d'audace, et de dévouement.

Cet oubli a été notamment commis d'abord par Dupuis-Delcourt (1), le vénérable doyen des aéro-

(1) Dans l'appendice de sa brochure, Dupuis-Delcourt prend soin de constater que, depuis la découverte de Montgolfier, 200 personnes environ se sont élevées en plus ou moins grand nombre, et que mille ascensions ont été faites en différents

nautes, aussi peu fidèle dans son nouveau *Manuel complet de l'Aérostation*, publié en 1850, que dans sa brochure de 1824 sur ses expériences aérostat tiques, puis par M. Louis Figuier (1), et même par la *Biographie universelle* de Michaud (2).

Parmi les auteurs qui se sont occupés d'aréostation, et qui ont omis, eux aussi, de transmettre à la postérité le nom de Giroud de Villette, premier compagnon de voyage de Pilâtre de Rozier, se trouve une série d'auteurs qu'il serait inutile d'énumérer. Malgré ces omissions, il est cependant, aujourd'hui comme alors, historiquement démontré que le marquis d'Arlandes n'est réellement monté en ballon avec Pilâtre de Rozier *qu'après* Giroud de Villette, dont IL PRIT LA PLACE. Le fait est constaté par un écrivain hors ligne, le savant Faujas de Saint-Fond, alors professeur de géologie au Jardin du Roi, aujourd'hui le Jardin des Plantes,

temps et en différents lieux, et dans mille circonstances différentes. — Il cite les noms de 135 personnes qui, à sa connaissance, se sont élevées en ballon, et en première ligne et avec raison Pilâtre de Rozier, puis après lui le marquis d'Arlandes : et *il oublie* précisément *Giroud de Villette*, premier compagnon de voyage de Pilâtre de Rozier, *dont les titres sont authentiques.*

(1) Voir au chapitre II de son *Histoire des Découvertes modernes et scientifiques.*

(2) Michaud, dans sa *Biographie universelle*, à la page 132 du tome XXIX, néglige également de citer l'ascension du 19 octobre 1783; il ne mentionne que l'expérience de Versailles, du 19 septembre 1783, où des animaux furent placés dans un panier, et l'ascension de la Muette, du 21 novembre, exécutée par Pilâtre de Rozier avec le marquis d'Arlandes.

dans sa lettre du 20 octobre 1783 aux auteurs du *Journal de Paris*, lettre qui fut publiée dans cette feuille le 22 octobre 1783, n° 295, où, rendant compte des expériences faites la veille, en présence de plus de 2,000 personnes, il déclare que « la ma- « chine s'éleva avec M. Pilâtre de Rozier et UN » COMPAGNON, M. GIROUD DE VILLETTE, et « qu'après leur descente, M. le marquis d'Ar- » landes, major d'infanterie, *partit ensuite* avec » M. Pilâtre de Rozier. »

Tiberre Cavallo, l'auteur de l'*Histoire pratique de l'aérostation* publiée en 1786, rendant compte de l'expérience aérostatique du 19 octobre 1783, constate aussi que « pour la première fois l'on fit élever » l'aérostat avec deux personnes dans sa galerie, » MM. Pilâtre de Rozier et Giroud de Villette, et » que, la machine redescendue, M. le marquis » d'Arlandes, major d'infanterie, *prit la place* de » M. Giroud de Villette. »

C'est d'ailleurs ce que constatent encore affirmativement d'autres historiens recommandables, d'abord Nougaret (1), puis M. Julien Turgan (2), M. Fulgens Marion (3), M. Arthur Mangin (4) et

(1) L'auteur du *Spectacle et Tableau mouvant de Paris*, ouvrage du temps, enrichi de notes historiques.

(2) Ancien directeur du *Moniteur universel*, auteur de l'*Histoire de la locomotion aérienne*, publié en 1851.

(3) L'auteur du livre sur les ballons, ouvrage faisant partie de la collection de la *Bibliothèque des Merveilles*, 3e édition, 1874, publiée par la librairie Hachette et Ce.

(4) Voir son livre publié en 1869 sur la navigation aérienne.

tout récemment MM. Wilfrid de Fonvielle (1) et Duckett (2), en rendant compte de la première ascension (19 octobre 1783) entreprise par Pilâtre de Rozier en compagnie de Giroud de Villette.

Voici notamment dans quels termes flatteurs M. de Fonvielle, dans ses *Aventures aériennes*, s'exprime à l'égard de notre héros :

« Enthousiasmé par la manière élégante et facile » dont Pilâtre manie son feu, M. Giroud de Vil- » lette demande la faveur d'accompagner l'opéra- » teur. Les deux voyageurs reviennent à terre sans » accident. Le néophyte, qui a ainsi reçu le bap- » tême de l'air, est interrogé : il rapporte d'excel- » lentes impressions et trace le *tableau charmant* » des sensations qu'il a éprouvées dans son voyage » aérien.

« Nous ignorons par suite de quelles circons- » tances il ne persiste pas dans la carrière *qu'il a* » *si brillamment inaugurée*, et pourquoi il re- » nonce à l'honneur d'accompagner plus tard Pi- » lâtre dans un voyage plus important; *mais ce* » *qui est certain, c'est que M. Giroud de Villette* » FAIT ÉCOLE. »

Un autre témoignage, qui a aussi sa valeur, est celui des deux auteurs de l'*Histoire des Ballons et*

faisant partie de la *Bibliothèque de la Jeunesse*, approuvée par Monseigneur de Tours.

(1) L'auteur des *Aventures aériennes*, publiées par Plon, 1 vol. in-16, 1876.

(2) Publiciste, directeur du *Dictionnaire de la Conversation*.

des Ascensions célèbres, illustrée par M. Albert Tissandier (1), frère de M. Gaston Tissandier, celui des trois intrépides voyageurs aériens qui a survécu à ses deux compagnons de voyage, Croce-Spinelli et Sivel, qui ont péri, le 15 avril 1875, dans la terrible catastrophe du *Zénith*.

Une autre autorité plus grande encore est celle de l'article inséré au n° 299 du *Journal de Paris*, du 29 octobre 1783, le véritable *Moniteur officiel* de ce temps-là (2).

Puis, enfin, un témoignage plus concluant est celui de Pilâtre de Rozier lui-même, qui, dans ses mémoires autographes, raconte que, bientôt après les expériences faites chez Réveillon, « *il eut pour » compagnon de voyage M. Giroud de Villette et » ensuite le marquis d'Arlandes* ».

C'est ici qu'il est intéressant de rappeler un fait rapporté comme certain par Pilâtre de Rozier. Au moment de l'une de ses expériences, une dame inconnue avait tiré l'aéronaute à part, et lui avait remis un paquet avec défense de l'ouvrir avant qu'il ne se fût élevé dans la mongolfière. Pilâtre promit,

(1) Néanmoins, il est bon de faire remarquer que, dans cette publication comme dans la précédente, il s'est glissé une erreur de typographie à l'endroit du nom de Giroud de Villette, qu'on a eu le tort, dans ces deux ouvrages, de désigner sous celui de Girard de Villette.

(2) La création de la *Gazette nationale*, autrement dit le *Moniteur universel*, ne date que du 1er janvier 1790, quoique le premier numéro eût été annoncé par un prospectus spécial, pour paraître le 24 novembre 1789.

accepta le paquet et monta dans la galerie. Au milieu de l'expérience, il ouvrit le paquet et y trouva deux pistolets. L'expérience finie, il fit chercher la dame qui prenait tant d'intérêt à sa gloire, mais elle avait disparu.

Un mois plus tard, lors de l'ascension du 21 novembre, au château de la Muette, ascension qui eut lieu en présence de Mgr le Dauphin, de son altesse royale Madame, fille du roi, de Mgr le duc d'Orléans, alors duc de Chartres, du duc de Polignac, du duc de Guines et d'autres personnages de distinction, et au moment du départ, Pilâtre de Rozier (1) reçut encore deux balles de pistolet de la même dame, laquelle voulait exprimer évidemment que l'aéronaute, étant destiné à périr, ferait mieux de se donner la mort tout de suite.

L'ascension du 19 octobre, par Pilâtre de Rozier et Giroud de Villette, fut, on peut l'affirmer, la première ascension d'hommes, celle où, pour la première fois, on vit deux mortels assez hardis pour se suspendre à un fragile aérostat, qu'un coup de vent ou le feu pouvait détruire en un instant, et s'élever dans les airs à la hauteur de 400 pieds environ.

Jusque-là, en effet, on n'avait encore enlevé que des ballons perdus, abandonnés à eux-mêmes, et toute ascension en ballon monté avait été formelle-

(1) Voir la *Vie et les Mémoires de Pilâtre de Rozier*, publiés en 1786 (en un vol. in-12, page 29), par M. Tournon de La Chapelle.

ment interdite, sous les peines les plus sévères, par l'honnête (1) et jeune roi Louis XVI qui, dans sa philanthropie, s'effrayait, à juste titre, des dangers d'une entreprise si hardie *qu'elle était alors taxée de folie.*

Aussi, par mesure de prudence, cette tentative avait-elle été retardée et précédée, un mois auparavant, le 19 septembre 1783, par le départ d'une montgolfière à laquelle on avait suspendu une cage d'osier renfermant un coq et un mouton.

(1) Michelet (page 455 de son *Précis de l'Histoire moderne*), à l'époque où il était notre professeur au collège municipal de Sainte-Barbe (Nicolle), aujourd'hui Rollin, et où il donnait aussi des leçons à Monseigneur le duc de Bordeaux, TRÈS PROFONDÉMENT CATHOLIQUE alors et *croyant et pratiquant*, apprécie comme nous cette qualité du prince, quand, à propos de son avènement au trône de France (le 10 mai 1774) il ajoute « que l'honnête et jeune roi Louis XVI, s'asseyant avec sa jeune » et gracieuse épouse (Marie-Antoinette) sur le trône purifié » de Louis XV, avait rendu au pays un immense espoir ».

En effet, Louis XVI a travaillé à contribuer au bien-être de son pays, et le premier signe de la pureté de ses intentions et de son zèle pour le bonheur de son peuple ne fût-il pas l'exemption du droit de joyeux avènement, l'abolition de la question préparatoire (le 24 août 1780) et de la solidarité des taillades pour le paiement des impôts ?

Louis XVI ne fut pas seulement un bon et généreux prince, il fut aussi, ce qui aurait dû contribuer à le sauver, l'ami et le compagnon des ouvriers. Et pourtant qui ne sait comment il fut récompensé de ses bontés par l'infâme Gamain ? — Ce misérable, qui avait construit avec Louis XVI la mystérieuse armoire de f r, découverte au château des Tuileries en 1792, osa porter contre son bienfaiteur la plus noire des accusations en même temps que la plus lâche des révélations. Les papiers qu'on prétendit y avoir trouvés fournirent contre l'infortuné Louis XVI des chefs d'accusation sous lesquels il succomba.

Personne n'ignore non plus qu'il était très habile mécani-

Le Ballon s'éléva dans les airs emportant le Coq, le Mouton et le Canard

Expérience faite à Versaille, en présence de leurs Majestés et de la Famille Royale,
par M. Montgolfier, le 19. Sept. 1783.
La Machine Aérostatique avoit 57. Pieds de haut sur 41. de Diamètre.

D'autres y ajoutent un oiseau aquatique de la famille des palmipèdes. Et ceci se trouve indubitablement constaté dans le récit d'Étienne de Montgolfier sur cette expérience qui eut lieu, comme on va le voir, à Versailles, en présence du roi et de la famille royale, et que nous reproduisons plus loin, après celui de Nougaret.

« Le coq et le mouton, dit d'abord Nougaret, » n'éprouvèrent pas la plus légère incommodité, » et furent trouvés vivants, nonobstant l'opinion

---

cien et combien il excellait dans l'art de la serrurerie. On voit encore aujourd'hui, au Conservatoire des Arts et Métiers, *un tour à guillocher* fort remarquable, catalogué sous les lettres L. A... 37, construit pour Louis XVI par Mercklein, Saxon, mécanicien de la couronne à Paris, en 1780. — Il est accompagné de mandrins qui permettent d'exécuter l'*ovale*, l'*excentrique* et la *cycloïde*.

Le jour de la fête du roi, les compagnons serruriers ne manquaient jamais de venir lui présenter leur bouquet. Aussi, à cette occasion, Thierry de Ville-d'Avray, son premier valet de chambre, eût-il un jour la franchise de dire au monarque « Sire, quand les rois se font peuple, les peuples se font rois. »

L'événement n'a que trop tristement justifié les sinistres pressentiments du fidèle serviteur. Mais Dieu avait réservé sa vengeance, ou plutôt sa justice. — En effet, dans le dernier siècle, l'homme en prononçant la déchéance de son roi et en décapitant le fils de Saint-Louis, *avait nié les droits de Dieu*, et à leur place *il avait proclamé les siens :* mais bientôt il n'eût plus à son tour d'autres droits que celui de SE TAIRE et DE MOURIR.

Les statistiques des exécutions capitales pendant la Terreur ont démontré que c'était les ouvriers des villes et la population des campagnes qui avaient fourni le plus gros contingent à l'échafaud.

(Voir notamment l'ouvrage de L. Prudhomme, intitulé : *Histoire générale des crimes commis pendant la Révolution française*, publiée en l'an V (1797.)

» contraire de certains journalistes qui prétendirent » que le coq s'était brisé la tête, tandis que la ma- » chine qui portait ces animaux était, au contraire, » descendue lentement dans le bois de Vaucresson » (carrefour Maréchal), près le Chemin-aux- » Bœufs. »

Voici maintenant le récit d'Étienne de Montgolfier, dont nous devons la communication à l'extrême obligeance de M. Laurent de Montgolfier, le chef actuel et l'intelligent continuateur de la somptueuse manufacture de papiers à Annonay-les-Vidalons, berceau des frères de Montgolfier, les auteurs de la découverte des aérostats (1). Cette pièce qui est aujourd'hui en la possession de M. Laurent de Montgolfier, qui la tient de ses ancêtres, est d'autant plus curieuse et plus intéressante que non seulement elle est autographe, mais qu'elle est la copie d'une lettre, qui n'a encore été reproduite jusqu'ici nulle part, adressée le 19 septembre 1783, par Étienne de Montgolfier, l'homme de cœur par excellence, à son frère Joseph, sur l'expérience du même jour, qui eut lieu à Versailles en présence du roi et de toute la cour. Aussi croyons-nous vivement intéresser les lecteurs en leur en donnant ici une analyse littérale.

Cette pièce inédite a pour titre : *Nouvelles de l'air, du 19 septembre 1783, à bord de l'aérostat* LE RÉVEILLON (2).

(1) Lire le chapitre VI concernant la famille des Montgolfier.

(2) Le *Réveillon*, ainsi nommé en souvenir de M. de Réveil-

En voici le début : « On s'y porte bien (1), on
» arrive heureusement, malgré le vent, et on gagne
» de l'appétit.

» Voilà ce qu'on a pu recueillir du dire des trois
» voyageurs (2), attendu qu'ils ne savaient pas
» écrire et qu'on a négligé de leur apprendre le
» français. L'un ne pouvait dire que *Quan! Quan!*
» L'autre : *Kecqué réqué!* et le troisième, sans
» doute de la famille *Agnelet*, ne répondait que
» *Bêê!* Il faut donc qu'à leur défaut je sois histo-
» rien. »

Puis, ici, Étienne de Montgolfier raconte à son frère le temps de pluie qu'il faisait le jour de cette expérience, et les péripéties qu'éprouva l'aérostat... « Un coup de vent qui survint tout à coup (*Cric,*
» *crac*) déchira le sommet en plusieurs endroits. » Enfin, après avoir collé le navire et appelé les calfats (3), Étienne de Montgolfier poursuit : « On
» tient conseil sur l'opération à faire, et celui *qui*
» *crie le plus fort* l'emporte comme de coutume;
» ce fut, je crois, M. Argant. Après quoi, l'acci-
» dent réparé et en six minutes, la machine s'enfle,
» part et reste suspendue à douze pieds au bout
» d'un fort cordage. Les battements de main se

lon, dans les jardins duquel eut lieu la première expérience publique en ballon monté.

(1) Il est question de la triade d'animaux dont nous avons précédemment parlé.

(2) Le coq, le mouton et le canard.

(3) Ouvriers marins qui bouchent les trous et garnissent d'étoupe et de poix les fentes du vaisseau.

» font entendre. On m'entraîne à l'extrémité du » jardin pour que je juge mieux de son effet (1). — » Quoique peigné en diable et avec une barbe de » réserve, ne nous étant rien dit avec mon perru- » quier depuis trois jours, UNE DAME M'EMBRASSE, » et il me faut faire la ronde des dames.

« Attendu la précaution prise de refuser la porte » à tout autre qu'aux commissaires de l'Académie, il » ne se trouvait dans le jardin que trois cents per- » sonnes. Pendant ce temps-là nous faisons rentrer » la machine dans sa première place : on la plisse, » on la dispose, on attend le chariot des Menus (2), » qui, au lieu d'arriver à six heures, ne vient qu'à » huit heures et demie, et il est près de onze heures

(1) Ceci se passait à titre d'essai, à Paris, dans la propriété de M. de Réveillon, hôtel Titon, dont nous donnons plus loin le spécimen et la description, page 37, la veille de l'expérience qui devait avoir lieu le lendemain à Versailles.

(2) *Menus.* — Locution employée pour Menus-Plaisirs. — On appelait alors ainsi le lieu où était l'administration qui réglait les dépenses destinées aux fêtes et aux spectacles de la cour. — Ce chariot faisait partie des équipages qui servaient comme aujourd'hui à transporter le mobilier de la couronne. Il exista longtemps un hôtel et une administration des Menus-Plaisirs, de laquelle ressortit le Conservatoire, et il y avait à sa tête l'intendant des Menus-Plaisirs ou simplement des Menus, concernant les dépenses qui n'entraient pas dans celles ordinaires du roi, et il remplissait en même temps la charge de trésorier des Menus.

Voici comment Voltaire a défini les attributions de cette charge :

» Un intendant des plaisirs dits *Menus*,
» Chez qui les arts sont toujours bien venus,
» Grand connaisseur et surtout plein de zèle,
» Vous avertit que la pièce nouvelle
« Aura l'honneur de paraître à la cour. »

» avant qu'on ait fini d'emballer. Nous allons nous
» coucher bien harassés.

« Le lendemain à quatre heures debout. On se
» rassemble. Les toilettes faites, on part à cinq
» heures, et nous arrivons à huit heures à Ver-
» sailles, où l'on commençait à s'impatienter de
» ne pas nous voir arriver. Le secrétaire des Menus
» nous conduit chez M. de Duras. Je lui rends
» compte du succès probable de l'expérience. Il
» m'en demande un précis pour remettre sous les
» yeux du roi. Crainte qu'on ne se fasse une fausse
» idée de l'élévation et de la distance qu'il doit
» parcourir, je vais remplir ses ordres. Un mo-
» ment après il me fait dire qu'il croit convenir
» mieux que je remette moi-même ces pièces à Sa
» Majesté. A onze heures et demie, introduit au
» lever, je remets mes pièces. Je retourne à la ma-
» chine, je la fais déplier, disposer, etc., etc... »

La relation poursuit :

« Un moment après arrivent le roi, la reine,
» Monsieur, Madame, le comte d'Artois, madame
» Élisabeth, etc., etc., qui viennent, les uns après
» les autres, passent sous l'échaffaud (1), entrent
» dans la machine, se font expliquer le comment,
» et voient pour tout appareil un réchaud plein de
» de paille.

(1) Qui aurait jamais pu prédire, alors, que cette sainte et royale famille était prédestinée à passer plus tard sur un autre échafaud ?

» M. de Cubières (1) accompagnait le roi : il s'é-
» gosillait avec M. de Réveillon à m'appeler, atten-
» du que j'étais de l'autre côté de l'échaffaud et ne
» le voyais point. Le roi, qui tenait les pièces à la
» main, prenant M. de Cubières par le bras, lui
» dit : *Ne soyez pas inquiet : voici le petit de*
» *Montgolfier qui, en tous cas, m'expliquera cela.* »

Ici Étienne de Montgolfier, d'accord avec le récit de Nougaret, donne le détail de l'expérience de l'enlèvement majestueux de la machine, emportant avec elle les trois animaux, celui des péripéties de leur voyage aérien, de leur descente qui, comme le fait aussi remarquer Nougaret, s'effectua *lentement* et sans le moindre accident, et enfin de leur attérissement en parfaite santé.

Puis il continue ainsi : « Je remontai de suite
» dans les appartements ; je trouvai le roi encore
» occupé à observer la machine avec sa lunette : il
» me montra l'endroit où elle était tombée, me té-
» moigna sa satisfaction et, sur ma demande, donna
» ordre qu'on allât au lieu où elle était tombée
» pour voir l'état dans lequel étaient les animaux.
» Les animaux se portaient bien, le mouton
» paissait dans sa cage ; quant à la maehine, elle
» était déchirée dans sa partie supérieure.
» J'allai en rendre compte à M. le maréchal de

(1) Le marquis de Cubières. — C'était alors l'intendant des Menus, dont nous avons déjà indiqué les attributions à la note de la page 30.

» Duras qui était chez Madame d'Ossun. Je fus » introduit dans un joli appartement sous les com- » bles. Dans la seconde pièce, éclairée d'un agréable » jour, régnait un agréable cordon de vingt à » trente dames qui pourraient servir de modèles » aux peintres qui ont à représenter l'assemblée » de l'Olympe. On y exécutait la répétition du » nouvel opéra de Sacchini. Madame d'Ossun me » dit les choses les plus flatteuses, me fit asseoir » pour entendre la musique. Après y avoir resté » une demi-heure, je sors; *on veut me retenir :* » j'allègue que M. le maréchal de Duras m'a de- » mandé le précis de l'état de la machine pour » le mettre sous les yeux du roi, et que je vais le » faire. On m'engage à revenir et on donne des » ordres pour que la porte me soit ouverte.

» J'avais à voir M. de Cubières. Je vais chez lui, » j'y trouve compagnie. — Voilà, me dit-il, un » monsieur qui a fait sur votre machine un livre, » un poëme, composé d'un chant, d'une feuille, » d'un vers qui est :

De ce globe l'auteur n'est pourtant qu'un mortel !

» En sortant pour aller rejoindre ma compagnie » aux Menus, je m'égare, je marche trois quarts » d'heure, j'arrive enfin excédé de fatigue, *et vite » de retourner au château où la reine vous de- » mande.* Je prends M. Argant sous le bras, nous » nous acheminons, j'arrive chez Madame d'Ossun.

2.

» — D'où sortez-vous donc? me dit le maréchal ; » je vous ai fait chercher, *vous faites attendre la* » *reine.* Elle a déjà sorti deux ou trois fois *pour* » *vous parler.*

» J'entre dans la première pièce, où Madame » d'Ossun me fait aussi d'agréables reproches sur » ce que je ne me suis pas rendu à son invitation » de venir.

» La reine sort, je lui rends compte de la ma- » chine, je lui lis le précis fait pour le roi, lui » fais part de mes projets ultérieurs, tant sur cette » machine que sur d'autres; elle m'écoute avec » bonté. Le maréchal, en sortant de chez la reine, » m'a demandé si j'étais content de son accueil, » vous jugez tous ma réponse.

» Nous rejoignîmes, Argant et moi, notre com- » pagnie, ne nous sentant plus de lassitude ; car, je » l'avoue, malgré la philosophie qui peut nous » faire apprécier les choses à leur valeur intrin- » sèque, je n'ai pas été insensible aux agréments » de cette journée et ai oublié le travail, la peine » et l'inquiétude qu'elle m'a coûtés.

» Enfin nous gagnâmes chacun notre lit fort » contents, mais fort las.

» Quand nous partîmes de Versailles, un piéton » prend place derrière la voiture, nous prie de re- » cevoir deux paquets. M. de Réveillon entr'ou- » vre le coin, voit des chansons ; serait-ce des chan- » sons sur le globe ? Effectivement, avec accompa-

» gnement de harpe. Tu en as ci-inclus un exem-
» plaire. »

Ce présent, on le voit, ne ressemblait en rien à celui des deux pistolets de la belle inconnue à Pilâtre de Rozier, et c'était bien le cas de dire avec Beaumarchais que tout finissait alors en France par des chansons.

Ce fut après cette expérience complètement satisfaisante que fut décidée et qu'eut lieu l'ascension de *Pilâtre de Rozier* AVEC *Giroud de Villette*, de ces deux intrépides navigateurs qui LES PREMIERS osèrent s'élever dans le vaste champ des airs.

En effet, un mois plus tard, le dimanche, 19 OCTOBRE 1783, Pilâtre de Rozier, en compagnie de Giroud de Villette, et en présence des commissaires de l'Académie des Sciences (1), s'élevaient, à bord de l'aérostat *Le Réveillon* (2), à 400 pieds de terre (3).

Ce jour là, la devise de Fouquet : Où ne monterai-je pas? (*Quo non ascendam* ?) ne paraissait plus

(1) Lavoisier, Cadet, Brisson, l'abbé Bossut et Desmarest, les mêmes qui avaient déjà présidé aux expériences du 12 septembre 1783.

(2) Nous en donnons un spécimen avec sa description en tête et à la fin de cette notice. — Il a été dessiné par M. Gaston Bruelle, un de nos jeunes peintres de talent, qui a obtenu deux médailles pour la France et l'Angleterre, à la dernière exposition de Londres; il a été gravé sur bois par M. Mime, de l'*Illustration*.

(3) Nougaret, à la page 84 du tome Ier de son livre, annonce 1,400 pieds. C'est une erreur évidente.

une chimère, et l'homme vainqueur de la création, avait dompté tous les éléments.

Cette ascension eut lieu aux acclamations enthousiastes de la foule assemblée dans les immenses et merveilleux jardins de l'hôtel Titon, appartenant alors à M. de Réveillon, l'ami intime de Giroud de Villette. Ces beaux jardins furent sacrifiés par Étienne de Montgolfier pour les faire servir aux premières expériences en ballon, et pour la première fois une expérience physique devint un véritable spectacle pour la multitude, ayant tout l'éclat d'une fête populaire.

VUE & PERSPECTIVE

DU JARDIN DE M. DE RÉVEILLON A L'ANCIEN HOTEL TITON

RUE DE MONTREUIL, N° 9, (FAUBOURG St-ANTOINE)

Ascension du 19 Octobre 1783

par MM. PILATRE DE ROZIER *et* GIROUD DE VILLETTE

II

Le premier ballon monté. — La Folie Titon. — Les du Tillet. — Les jeux Lodoïciens. — La première journée de la Révolution. — L'origine de Réveillon. — La « populace » de 1789 et la « vile multitude » de 1848. — M. Thiers et le chemin de Damas. — Un souvenir de Mirabeau. — Le dernier prisonnier de la Bastille. — Paris le 19 octobre 1783. -- Les périls... — Lettre du héros. — L'*Odyssée* d'Homère.

Ces jardins de l'hôtel Titon pouvaient passer pour l'une des « sept merveilles du monde », si l'on en juge par les récits, les descriptions et les dessins du temps, soigneusement conservés au Département des Estampes et aux archives de la Bibliothèque nationale.

C'est dans cet ancien hôtel, connu alors sous le nom de *Folie Titon*, que Titon du Tillet avait réuni une riche collection de tableaux des plus grands maîtres.

Il y avait dans cet hôtel un théâtre dont on parla beaucoup dans son temps, et sur lequel on donna une représentation d'*Annette et Lubin*, opéra comique de Favart, en 1762.

Il ne reste plus de cette propriété, qui porte actuellement le n° 31 de la rue de Montreuil, et qui appartient à M. Jacquemart, fils de l'ancien et riche manufacturier de ce nom, que deux pavillons et la porte charretière des anciennes dépendances de cet hôtel.

Sur le pilier de gauche de cette porte est encore incrusté, dans la pierre, le n° **9**, qui date de l'époque et remonte à plus d'un siècle.

Ces derniers vestiges de la manufacture de Réveillon sont aujourd'hui occupés par deux institutions, l'une de garçons et l'autre de filles, séparées par une rue nouvelle qui porte le nom de Titon et qui partage en deux les terrains des anciens jardins.

Cette propriété avait appartenu autrefois au fermier général Maximin Titon, dont le fils, Titon du Tillet, statuaire très distingué, est célèbre par son zèle pour la gloire des lettres. Il fut l'auteur du modèle du Parnasse, qu'il légua au roi, et publia la description de ce monument en 1726. Il était sans cesse occupé d'ajouter à l'éclat de la France et proposa d'instituer les jeux Lodoïciens, à l'exemple des jeux Olympiques, dans lesquels on aurait vu la représentation des sièges et des batailles les plus glorieuses de nos armées. Il mourut le 26 décembre 1762, à l'âge de 86 ans.

Le nouveau maître de ces jardins enchantés était, en 1783, un simple ou plutôt un grand industriel parisien.

M. de Réveillon, n'en déplaise à un certain historien populaire, qui s'applique à plaisir à démocratiser cet honorable manufacturier et à en faire un simple artisan, descendait de la maison d'Anciéville, en Berry, d'où sont sortis les barons de Réveillon. Leurs armes sont d'or à trois marteaux de gueule. Il était le riche et intelligent propriétaire de la royale et somptueuse manufacture de papiers peints (1) et veloutés, alors située rue de Montreuil n° 9, et il avait pour associé son ami André Giroud de Villette.

Ce fut là que, quelques années plus tard (le 27 avril 1789), jaillit la première étincelle de la Révolution française, et comme c'était surtout à la noblesse que la multitude en voulait, il est probable qu'indépendamment du fait que nous allons rapporter, ce fut aussi à son origine nobiliaire que Réveillon dut d'être désigné par les agitateurs pour être leur première victime.

Un scélérat, l'abbé Roi, auquel Réveillon avait fait des avances considérables, alla, pour se soustraire à ses engagements, jusqu'à commettre le crime de faux en coupant au bas d'une lettre de Réveillon la signature de ce grand manufacturier, et en écri- au-dessus une obligation de 6,000 livres à son profit. Il accusa de plus son bienfaiteur d'avoir taxé le salaire de ses ouvriers à quinze sous par jour et d'avoir dit que le *pain était trop bon pour eux*. Il affirmait

(1) Cette industrie est originaire de la Chine, elle fut introduite en France en 1780,

aussi que Réveillon avait été chassé du district pour son inhumanité.

De son côté, M. Thiers nous confirme ces détails et raconte ainsi qu'il suit la scène déplorable qui eut lieu à cette occasion au faubourg Saint-Antoine et qui servit de prétexte à l'émeute :

« Un fabricant de papiers peints, Réveillon, qui, » par son habileté entretenait de vastes ateliers perfectionnant notre industrie et fournissant la subsistance à plus de 3,000 ouvriers, fut accusé » d'avoir voulu réduire le salaire à moitié prix. La » populace menaça de brûler sa maison. On parvint » à la disperser; mais elle y retourna le lendemain; » la maison fut envahie, incendiée et détruite. (1) »

Cette « populace » de M. Thiers et de 1789, est cette même « vile multitude » que le célèbre historien caractérisait si judicieusement lors de la restriction du suffrage universel de 1848. Le grand homme d'État n'avait pas encore été précipité des hauteurs présidentielles sur son chemin de Damas.

Cette « populace », cette « vile multitude, » nous ne la confondons pas, nous, avec les travailleurs laborieux ; car le travail a sa noblesse : il est l'école de l'indépendance et imprime à l'homme un véritable caractère de dignité.

Réveillon pensait ainsi. On peut dire qu'il était sans morgue ainsi que sans talons rouges, et qu'il avait surtout placé sa noblesse dans son cœur. Il était le protecteur et le père de ses ouvriers. Il venait

(1) THIERS, *Histoire de la Révolution française*, tome Ier.

ATTROUPEMENT DU FAUBOURG SAINT-ANTOINE

Incendie et Pillage de la manufacture DE RÉVEILLON

(28 *Avril* 1789)

d'être élu représentant des électeurs de Paris par le tiers-état de son faubourg. Mirabeau de même avait été envoyé aux Etats généraux par le tiers-état de la Provence.

Réveillon était donc au plus haut point populaire. Mais cette popularité s'écroula sous le premier souffle révolutionnaire de 89. Epouvanté, menacé, proscrit, Réveillon vint chercher un asile à la Bastille. Le dernier prisonnier que reçut le célèbre donjon qui allait s'écrouler fut un *prisonnier volontaire.* Le « monstre » fut sauveur, la prison se fit asile. Réveillon venait justement de se voir porter, par l'assemblée des électeurs de l'Hôtel-de-Ville, sur la la liste des trente-six membres appelés à rédiger les fameux « cahiers » du tiers-état de Paris (1). Il y figurait entre de Sèze et Gaillard, de l'Académie des Sciences, à côté de Target, de Marmontel et de Bailly, à deux pas de Guillotin. Ses collègues eurent le courage de maintenir son nom sur cette liste d'honneur, afin de contribuer à sa justification aux yeux du peuple.

Pendant la période révolutionnaire, Réveillon fut l'objet de plusieurs autres marques de distinction.

(1) Ces « cahiers » étaient de véritables mandats impératifs. Tous concluaient, avec les réformes qui étaient dans tous les esprits, et dont Louis XVI avait pris l'initiative, au respect inviolable de la royauté, à l'alliance indissoluble de la France nouvelle avec son antique monarchie. Ce mandat fut violé par les mandataires de la France de 89.

Le 8 octobre 1790, à l'occasion de la nature du papier qui devait être employé à la confection des assignats, l'Assemblée nationale, sur le rapport de Montesquiou, (1) décréta « qu'on emploierait celui sortant » de la manufacture de Réveillon, si honorablement » connu par ses malheurs et son patriotisme. Ce » papier, dit le rapport, présentait les meilleures » conditions de solidité et de transparence ; il était » le même dont cet industriel avait fait usage pour » les billets portant promesse d'assignats, et qu'on » n'avait jamais essayé d'imiter ».

Dix-huit mois plus tard, le 14 mai 1792, il fut encore question de Réveillon à la séance extraordinaire de nuit tenue par l'Assemblée-Législative. Une proposition d'urgence fut décrétée en sa faveur. Réveillon avait obtenu du gouvernement la médaille d'or pour les services qu'il avait rendus dans son industrie : cette marque de distinction s'était trouvée prise ou perdue lors du pillage de sa manufacture. L'Assemblée-Législative décréta également d'urgence que le pouvoir exécutif aurait à lui en délivrer une nouvelle.

Tel était le théâtre et tels étaient les acteurs. Voyons maintenant le spectacle.

(1) Montesquiou-Fezensac (Anne-Pierre, marquis de), né à Paris, en 1741, mort en 1798, lieutenant-général, membre de l'Académie française, député de la noblesse aux Etats-Généraux de 1789. Il s'était réuni l'un des premiers au Tiers-Etats. Il commanda l'armée du Midi, acheva la conquête de la Savoie et fut proscrit.

Le concours était immense, et ce spectacle à la fois si grand et si nouveau n'avait pas attiré moins de 2,000 assistants rien que dans les jardins de la Folie-Titon. Au dehors, c'était Paris tout entier, Paris debout, les yeux fixés dans les airs, Paris avec sa curiosité ardente, son enthousiasme, Paris avec son rayonnement. Faujas de Saint-Fond dépose de l'attraction et des périls offerts par ce majestueux spectacle.

« Le succès de cette *tentative*, dit-il, fut d'au-
» tant plus heureux qu'une multitude d'expérien-
» ces postérieures nous ont appris que celle-ci
» ÉTAIT LA PLUS DIFFICILE. Aussi doit-on regarder
» l'expérience du 19 octobre, non seulement comme
» la plus difficile, mais encore comme la plus heu-
» reuse qui ait été faite et *celle qui a fixé irrévoca-*
» *blement le succès de cette grande entreprise.* »

L'affluence était si considérable dans le faubourg Saint-Antoine, sur les boulevards et jusqu'à la porte Saint-Martin, que toute circulation était devenue impossible.

« C'était un spectacle bien extraordinaire en effet,
» continue Faujas de Saint-Fond (1), et avec
» lui M. Fulgens Marion, que celui de voir pour
» la PREMIÈRE FOIS des hommes portés à cette élé-
» vation (2), s'y soutenir sans danger et SANS IN-
» QUIÉTUDE. »

(1) Tome 1er, page 275 de sa description sur l'expérience du 19 octobre 1783, rue de Montreuil, faubourg Saint-Antoine.

(2) 400 pieds de hauteur.

Cette dernière appréciation est d'une importance capitale, car M. Louis Figuier lui-même, sans citer Giroud de Villette, constate que « cette ascension » *était très dangereuse* POUR LES DEUX VOYA- » GEURS. »

En effet, qu'on ne vienne pas dire encore ici, pour amoindrir ou diminuer leur héroïque courage, que cette ascension avait lieu en ballon captif et qu'elle ne présentait aucun danger; car Faujas de Saint-Fond atteste hautement « *qu'une confiance à toute* » *épreuve* était presque aussi nécessaire que le ta- » lent[1], puisqu'il fallait triompher des éléments » mêmes qui semblaient, pour ainsi dire, vouloir » s'opposer à une tentative en apparence aussi té- » méraire. »

Nous verrons d'ailleurs, plus loin, quelles pouvaient être pour les deux premiers navigateurs aériens les périlleuses conséquences de cette première et audacieuse tentative.

A la suite de ces expériences, les rédacteurs du *Journal de Paris*, qui les avaient rapportées, reçurent, quelques jours après, une lettre de M. de Montgolfier, l'inventeur de l'art aérostatique, et une de Giroud de Villette, à propos de son ascension avec Pilâtre de Rozier.

Celle de Montgolfier, du 23 octobre, a simplement rapport à *l'action du vent*, sur l'expérience même du 19 octobre. Il explique en même temps, en réponse à la lettre de Faujas de Saint-Fond, publiée par le savant professeur dans le même journal, le lendemain 20, et précédemment analysée, que « si, » à l'une des précédentes séances (celle du vendredi 17), on a été obligé de maintenir la machine *avec des cordages*, c'est parce qu'il faisait » beaucoup de vent, et pour qu'elle ne dérivât pas » dans les jardins voisins ou sur les maisons ».

C'est ce que Tiberre Cavallo nous confirme aussi dans son *Histoire pratique de l'Aérostation*, quand il rapporte que, le 19 octobre 1783, « cette » ascension eut lieu par un temps favorable, mais » par un fort coup de vent, qui porta la machine » sur les arbres où elle aurait couru de grands » dangers, si Pilâtre (qu'accompagnait M. Giroud » de Villette, ainsi qu'il l'explique à la page 53 de » son ouvrage) n'eût eu assez de présence d'esprit » pour renouveler le feu en jetant de la paille sur » le réchaud ».

M. Louis Figuier, tout en négligeant, dans son rapport sur l'expérience DU 19 OCTOBRE, d'indiquer les noms des deux voyageurs aériens, non seulement confirme les détails donnés par Montgolfier sur la séance du 17, mais constate encore que « ce » jour-là aussi (le 19 octobre), le ballon avait été » chassé par le vent, et, en outre, qu'il vint tomber » sur la cime des arbres, et que des milliers d'assis- » tants *jetèrent un cri d'effroi*, car la machine » s'engagea dans les branches et menaçait de VER- » SER LES VOYAGEURS. »

D'où il résulte bien évidemment que cet incident 'appliquait à l'expérience du 19, avec Giroud de

Villette, puisqu'aux précédentes tentatives Pilâtre de Rozier était seul,

Nous verrons aussi plus loin, indépendamment des dangers réels qu'ils avaient courus pendant cette expérience, quelles autres conséquences graves pouvaient encore avoir pour eux cette ascension en ballon captif.

Une ascension en ballon captif était alors beaucoup plus périlleuse, certainement, que ne l'est aujourd'hui une ascension en ballon libre ; car, grâce au progrès de l'art aérostatique, la navigation aérienne de nos jours n'est pas considérée par les aéronautes comme plus dangereuse que les voyages en mer.

C'est ainsi, explique Faujas de Saint-Fond, à la page 7 de son second volume, que « toutes les fois » qu'on veut retenir UNE AÉROSTATE (1) *par des* » *cordes*, s'il survient *le plus léger vent*, comme » elle présente une grande surface à l'air, il n'est » point d'adresse ni de force humaine qui puisse la » gouverner, et la résistance qu'on lui oppose la » tourmente, la déchire et *l'expose à devenir la* » *proie des flammes*. — Je m'étends à dessein sur » ce sujet, afin qu'on soit bien averti, par ces di- » vers exemples, des inconvénients et *des dangers* » *qu'il y a de vouloir retenir les aérostates par des* » *cordages*. »

(1) Aucune règle n'ayant encore alors déterminé si on devait employer le masculin ou le féminin, Faujas de Saint-Fond opta pour le féminin, comme étant, à son point de vue, l'acception la plus rapprochée du mot MONTGOLFIÈRE. — Depuis l'Académie s'est prononcée pour le masculin : *aérostat*.

La lettre de Giroud de Villette au *Journal de Paris* emprunte aux circonstances un véritable intérêt, et présente, surtout dans sa conclusion, des passages utiles à signaler.

On va voir, en effet, comment ce jeune et savant physicien, avec la modestie qui le caractérisait, a apprécié, *près d'un siècle avant nous,* le parti qu'on pouvait tirer des aérostats *en temps de guerre.*

Lettre officielle extraite du premier Paris, n° 299, du JOURNAL DE PARIS, du dimanche 26 octobre 1783 :

ARTS ET SCIENCES

PHYSIQUE

« Paris, le 20 octobre 1783.

AUX AUTEURS DU JOURNAL

» MESSIEURS,

» J'ai l'honneur de vous adresser cette lettre, » comme amateur des arts(1), avec prière de vouloir » bien l'insérer dans votre journal le plus tôt pos» sible.

(1) On remarquera que, dans son extrême modestie, Giroud de Villette ne cherchait pas à se prévaloir de son titre de savant qu'il était dans les sciences physiques et chimiques.

« J'ai, messieurs, beaucoup de satisfaction à
» suivre votre feuille; je n'y ai encore rien remarqué
» qui constate l'utilité réelle de la machine de
» MM. de Montgolfier.

» Hier, 19 du courant, en qualité d'adjoint (1)
» de la manufacture royale de M. de Réveillon,
» j'ai obtenu de ces messieurs la gracieuse permis-
» sion de monter dans la partie du panier opposée
» à celle où était M. Pilâtre de Rozier, pour lui
» servir de contre-poids. Je me suis trouvé, pres-
» que dans l'intervalle d'un quart de minute, élevé
» à 400 pieds de terre, suivant le rapport qu'on
» m'en a fait. Nous restâmes dans cette position
» dix minutes.

» Mon premier soin, messieurs, fut d'admirer, à
» la faveur d'un trou large de 4 pouces, le physicien
» intelligent que j'avais l'honneur d'accompagner;
» son courage, son agilité, ses talents à bien ma-
» nœuvrer et conduire son feu m'enchantèrent. En
» me retournant, je distinguais les boulevards,
» depuis la porte Saint-Antoine jusqu'à celle Saint-
» Martin, tout couverts de monde, qui me parais-
» saient former une plate-bande allongée de fleurs
» variées. La rue Saint-Antoine, les jardins qui nous
» environnaient, me représentaient la même chose.
» Ensuite, voulant m'occuper du sujet qui m'avait
» engagé à faire ce voyage, je promenai ma vue
» dans le lointain. D'abord je vis la Butte-Mont-
» martre, qui me semblait être de moitié plus basse

(1) C'est-à-dire l'*alter ego* de M. de Réveillon, son associé.

» que notre niveau ; je découvris facilement Neuilly,
» Saint-Cloud, Sèvres, Issy, Ivry, Charenton,
» Choisy et peut-être Corbeil que le brouillard m'a
» empêché de distinguer. Dès l'instant, je fus con-
» vaincu que cette machine peu dispendieuse *serait*
» *très utile dans une armée* pour découvrir la posi-
» tion de celle de son ennemi, ses manœuvres, ses
» marches, ses dispositions, et les annoncer par des
» signaux aux troupes alliées de la machine.

» Je crois *qu'en mer* il est également possible, avec des précautions, de se servir de cette machine.

» Voilà, messieurs, *une utilité* incontestable *que*
» *le temps nous perfectionnera ;* tout mon regret
» est de n'avoir pas pensé à me munir d'une lunette
» d'approche.

» Agréez, etc.

» A. GIROUD DE VILLETTE. »

De son côté, Faujas de Saint-Fond, dans son livre sur les *Expériences de la machine aérostatique*, reproduit aussi cette même lettre, à la page 279 du tome Ier, et la fait précéder de cet en-tête : « La lettre
» de M. Giroud de Villette, *compagnon de voyage*
» de M. Pilâtre de Rozier, renfermant quelques
» détails intéressants, j'ai cru qu'elle devait trouver
» place dans cet ouvrage. »

Et Faujas de Saint-Fond citait *in extenso* cette épître odysséenne. C'était en effet l'Odyssée de l'air, et celui qui en avait été le héros était à lui-même son Homère.

III

Les aérostiers de la République. — Les aérostats à Fleurus, en Égypte, en Italie. — Godard à Peschiera. — Les aérostats de 1870. — Recours à Horace et à Despréaux. — Plaidoyer en l'honneur de Louis XV. — Évocation de Châteaubriand — La paix de Dieu. — Ce que voulut être la papauté. — Rapport de l'Académie des sciences. — Le portrait d'André Giroud de Villette. — Fragonard *pinxit*. — L'hégire du Ballon. — Le professeur Charles et les frères Robert. — Le Conservatoire des Arts-et-Métiers. — Un monument.

Ce que Giroud de Villette avait prévu et signalé à l'attention de ses contemporains, près d'un siècle avant nous, quant à l'utilité qu'on pourrait tirer un jour des aérostats dans nos armées et à l'usage qu'on pourrait en faire sur nos flottes, est en voie de se réaliser.

C'est pendant les guerres de la Révolution que, pour la première fois, l'emploi en a été fait pour observer les mouvements de l'ennemi, et plus tard pendant l'expédition d'Egypte (1), ensuite sous la

(1) On se servit, pendant cette expédition, d'une troupe d'aérostiers, ce qui étonnait beaucoup les Musulmans et aida puissamment Bonaparte à leur imprimer une terreur utile. —

Restauration, au siège d'Alger, puis au moment de la campagne d'Italie, où un officier du génie, monté avec Godard, alla relever le plan de la forteresse de Peschiera; et enfin, plus récemment encore, pendant la dernière guerre, où quelques services ont été rendus aux armées par les aérostats, à l'aide de reconnaissances faites en ballon.

Aussi, de nos jours, deux auteurs très autorisés, M. Edmond Marey-Monge et ensuite M. Wilfrid de Fonvielle, que nous avons déjà nommé, ont-ils traité longuement et savamment cette importante matière, le premier dans ses études ayant pour titre l'*Aérostat colossal, considéré comme machine de guerre*, et le second dans sa brochure intitulée : *La Conquête de l'air*. L'auteur de ce dernier opuscule propose, entre autres choses, un programme qui, s'il devenait jamais réalisable, aurait, selon lui, pour effet certain de *nous débarrasser pour toujours du choléra allemand*, en rendant la guerre tellement

Conté, le directeur de l'école aérostatique de Meudon, l'avait suivi dans son expédition.

Napoléon, du reste, n'était pas partisan de l'emploi des aérostats dans les armées, parce que la manœuvre des aérostats n'étant plus alors un secret pour aucune des nations de l'Europe, et ne constituant plus un privilège entre nos mains, l'aérostation militaire ne serait plus dans la stratégie qu'une amplification générale et inutile. En conséquence, lorsqu'il devint premier consul, il fit fermer l'école de Meudon.

Il paraît qu'à la suite des récentes expériences auxquelles vient de se livrer la commission d'aérostation militaire présidée, comme nous l'avons indiqué précédemment, par M. le colonel Laussédat, celle-ci aurait conclu à la nécessité du rétablissement de l'ancien corps des aérostiers dans l'armée française, sous des formes nouvelles.

terrible que M. de Bismarck lui-même y renoncerait.

Ceci nous remet en mémoire une anecdote que Michelet avait par trop oubliée, quand nous citions, plus haut, son jugement téméraire sur le caractère de Louis XV, et que son impartialité d'historien lui faisait au moins le devoir, à côté de sa critique, de rappeler à l'honneur de ce prince. Elle nous montre combien ce monarque était animé de sentiments humains. (1)

A ceux qui trouveraient ici notre récit trop prolixe et qui nous reprocheraient de nous être quelquefois éloigné de notre sujet, nous répondrons avec Boileau :

Voulez-vous du public mériter les amours,
Sans cesse, en écrivant, variez vos discours.

Et avec Horace : *Decipimur specie recti : brevis esse laboro, obscurus fio.* (2) « Je vise à la concision,

(1) Michaud, dans sa *Biographie universelle*, tome XXV, page 222, est également de notre avis, quand, en parlant de Louis XV et de son humanité, il ajoute que « l'histoire lui doit cet éloge sans restriction : c'est *qu'il fut humain* ».

(2) *Art poétique*, 25. — On a souvent été disposé à médire des citations et surtout des citateurs ; à la défense de ces derniers il convient de répondre par cette épigraphe que nous empruntons à Gabriel Naudé : « Qu'il n'appartient qu'à ceux qui n'espèrent jamais d'être cités de ne citer personne. » — Citer, en effet, a dit M. Édouard Fournier dans son curieux et intéressant ouvrage l'*Esprit des Autres* sur les citations « est » souvent un moyen prudent à employer pour faire mieux » comprendre sa pensée, pour lui donner plus d'autorité. »

je deviens obscur. » Ce que Boileau a rendu ainsi :

J'évite d'être long, et je deviens obscur.

C'est pour nous conformer à cette règle et suivre les conseils de ces deux poètes, que nous avons cru pouvoir étendre ainsi notre discours.

Aussi, malgré les défauts que Michelet s'applique à trouver dans le caractère de Louis XV, ne négligeons pas de raconter ici ce que peut-être bien des personnes ignorent : c'est que la vue des maux et des divisions qui affligeaient la France, dans les dernières années du règne de ce monarque, abreuva ses jours d'amertume, et que de grandes actions ont néanmoins marqué son époque. Ainsi tout le monde sait que ce prince était alors engagé dans les embarras d'une guerre funeste et que chaque jour il éprouvait des pertes cruelles. Les Anglais le bravaient jusque dans ses ports; il pouvait les détruire en profitant des offres du Dauphinois Dupré, qui avait inventé un feu si rapide et si dévorant qu'on ne pouvait ni l'éviter ni l'éteindre (1); l'eau redoublait son activité. Louis XV, par un sentiment d'humanité qui fait honneur à son cœur, CONVAINCU

— Le cardinal du Perron disait que l'application d'un vers de Virgile était digne d'un talent, et La Mothe le Vayer prétendait qu'une bonne pensée, de quelque endroit qu'elle parte, valait mieux qu'une sottise de son cru, « n'en déplaise à ceux qui se vantent de trouver tout chez eux et de ne rien tenir de personne. » — On sait quel heureux usage Châteaubriand faisait des citations.

(1) C'était probablement quelque chose ressemblant au feu grégeois, inventé par les Grecs, et qui brûlait dans l'eau.

qu'un seul homme, avec une découverte AUSSI TERRIBLE, *pouvait causer les maux les plus effrayants* A L'HUMANITÉ, aima mieux souffrir que d'épouvanter le monde par un pareil fléau. Il récompensa généreusement Dupré, *pour l'empêcher de divulguer une pareille invention*, et Dupré est mort emportant avec lui son dangereux secret. Aucun prince n'a peut-être jamais fait une action aussi humaine (1).

Aussi, malgré tous ces ingénieux moyens de destruction que certains esprits espèrent pouvoir tirer de l'application et de l'usage des ballons en temps de guerre, faisons des vœux pour qu'à l'exemple de Louis XV, l'aérostation militaire, *dans son plein essor*, ne se transforme jamais en fléau des nations, et que cette épée de Damoclès, continuellement suspendue au-dessus de nos grands empires, ne serve que d'aiguillon puissant pour les mener à la formation de ces congrès suprêmes, tant désirés de l'humanité, qui jugeraient sans guerre les griefs des peuples entre eux, comme le jury ceux des citoyens. C'est le souhait le plus ardent qu'avec le digne fondateur de l'infirmerie de Marie-Thérèse (2), dont on ne peut prononcer le nom sans un

(1) M. Henri Martin, dont le témoignage ne peut certainement pas être suspecté ici, lui rend aussi la même justice, quand il dit de ce monarque qu'un seul acte mérite d'être cité : c'est le refus de Louis XV d'employer l'effroyable invention du joaillier Dupré.

(2) La fondation de l'infirmerie de Marie-Thérèse est l'œuvre de M. et de Madame de Châteaubriand, en collaboration de

sentiment de respect, nous puissions adresser nous-mêmes aux bienfaiteurs du genre humain.

Il n'est ni hors de propos ni sans intérêt de rappeler ici l'apophthegme (1) de l'auteur du *Génie du Christianisme* (2), ce fervent apôtre de la catho-

Monseigneur de Quélen, archevêque de Paris. Cette pieuse fondation fut alors placée sous la protection et le haut patronage de *Monsieur* et de *Madame* (le duc et la duchesse d'Angoulême), approuvée et autorisée comme œuvre éminemment philantropique, et comme d'utilité publique, par ordonnance royale du 12 décembre 1827. Elle a été inspirée à ses fondateurs dans le but de venir au secours de pauvres et vénérables prêtres malades et sans fortune du diocèse de Paris. Ceux qui sont dans l'impossibilité, à cause de leur âge ou de leurs infirmités, de continuer les fonctions actives du saint ministère trouvent à Marie-Thérèse une retraite honorable. La maison de retraite où ils sont encore aujourd'hui recueillis, rue d'Enfer, 92 (XIVe arrondissement), leur sert tout à la fois de maison de retraite et d'infirmerie; les admissions sont gratuites et elles sont prononcées par l'archevêque de Paris. Le nombre des lits dont peut disposer cette fondation est limité à *vingt*. Cette institution, qui appartient au diocèse de Paris, est administrée par l'autorité de S. E. Monseigneur le cardinal archevêque de Paris, et n'existe pour ainsi dire aujourd'hui que par la charité de quelques âmes pieuses qui viennent, par leurs dons, contribuer à augmenter les généreux sacrifices que s'impose le digne prélat pour soutenir cette louable fondation et subvenir à ses frais. La maison est desservie par les sœurs de Saint-Vincent-de-Paul.

M. Blanc, le fondateur des casinos de Hombourg et de Monaco, qui a laissé en mourant une fortune de 88 millions, a légué, par son testament, 500,000 francs aux prêtres infirmes de Marie-Thérèse.

(1) Sentence, paroles mémorables de quelques personnes illustres.

(2) Ouvrage destiné à montrer les beautés poétiques de la religion et à y ramener la foule par ses séductions. — Châteaubriand conçut tout à coup le plan de cet ouvrage pour EXAUCER LE DERNIER VŒU *de sa mère mourante.*

licité, resté toujours fidèle à son Dieu et à son roi. Cet homme de génie a écrit avec sa plume diamantée : « S'il existait au mileu de l'Europe un tribu» nal qui jugeât au nom de Dieu les nations et les » monarques, et qui prévînt les guerres et les ré» volutions, ce tribunal serait le chef-d'œuvre de » la politique et le dernier degré de la perfection » sociale. Les papes, par l'influence qu'ils exercè» rent sur le monde chrétien, ont été au moment » de réaliser ce beau songe. » (*Génie du Christianisme*, tome II, liv. VII, chap. IX.)

Quoi qu'il en soit, l'ascension de Giroud de Villette avait, comme plus tard celle de Conté et de Coutelle, les commandants des aérostiers sous la République, pour caractère distinctif et particulier, indépendamment de la description qu'il s'était proposé de faire et qu'il donne de son expérience aérienne, *un but scientifique :* celui d'indiquer le moyen *d'appliquer l'aérostation* AUX SERVICES MILITAIRES.

Faujas de Saint-Fond (page 275 et suivantes du tome premier de son ouvrage), et avec lui M. Fulgens Marion, dit encore : « Après que la machine fut » redescendue, ces messieurs (1) assurèrent qu'ils » n'avaient pas éprouvé la plus légère incommo» dité et reçurent les plus justes applaudisse» ments que leur zèle et leur courage leur avaient » mérités, et M. le marquis d'Arlandes, major d'in-

(1) Pilâtre de Rozier et Giroud de Villette.

» fanterie, *prit* ENSUITE la place de M. Giroud de Vil-
» lette et partit avec M. Pilâtre de Rozier. »

Ainsi c'est donc tout à fait à tort que divers écrivains, mal renseignés, et avec eux Dupuis-Delcourt, dans son *Manuel sur l'Aérostation*, page 39, ont pu dire « qu'après avoir procédé à plusieurs expé-
» riences, M. Pilâtre de Rozier fût accompagné
» *successivement* du marquis d'Arlandes et de
» M. Giroud de Villette. » C'est le contraire qui est arrivé, comme prend soin de le faire ressortir le *Rapport de l'Académie des Sciences*, fait la même année (1783) sur la machine aérostatique de Montgolfier, et présenté par Leroy, Tillet, Brisson, Cadet, Lavoisier, Bossut, Condorcet et Desmarest. Le rapport ajoute que « Giroud de Villette ne
» tarda pas à *être* IMITÉ par plusieurs personnes,
» parmi lesquelles on remarque le marquis d'Ar-
» landes, gentilhomme du Languedoc. » L'intérêt de ce fait est *capital*, car s'il était arrivé malheur à Pilâtre de Rozier et à Giroud de Villette, le marquis d'Arlandes ne serait certainement pas monté à son tour, et cette admirable découverte eût été condamnée dès le premier jour.

« Cette expérience, où Pilâtre de Rozier et Gi-
» roud de Villette furent portés à une si grande
» hauteur, dit encore Faujas de Saint-Fond, laissa
» entrevoir l'espérance de pouvoir tenter sous peu
» un premier voyage, en abandonnant absolument
» la machine (1). »

(1) (A elle-même) c'est-à-dire en laissant la montgolfière monter librement dans les airs.

C'est encore pour combler cette lacune de l'ouvrage de Dupuis-Delcourt que nous donnons en tête de cet ouvrage le portrait de Giroud de Villette.

En effet, Dupuis-Delcourt, dans son *Manuel sur l'Aérostation*, planches 11 et 12 de sa table, figures 28 et suivantes, représentant les traits des principaux aéronautes et savants qui ont fait des ascensions depuis Giroud de Villette, oublie de donner le portrait de ce dernier, dont, ainsi que nous l'avons déjà dit, il n'a pas même parlé.

Ce portrait a été reproduit (1) d'après une charmante et précieuse miniature sur ivoire, due au pinceau du célèbre Fragonard et religieusement conservée par la famille depuis plus d'un siècle.

Fragonard, peintre fameux, élève de Vanloo et de Boucher, né à Grasse en 1732, fut reçu à l'Académie en 1765, et mourut en 1806, à l'âge de 74 ans. Après avoir renoncé à la peinture historique, il fit beaucoup de petites toiles et quelques portraits en miniature, dont celui de Giroud de Villette.

Il se pourrait néanmoins que ce médaillon fût plutôt l'œuvre de *Madame* Fragonard, qui pratiqua ce genre de peinture avec succès et talent, et dont, par parenthèse, une jolie miniature a paru, en 1783, à la vente de Dubois, peintre de genre de l'école hollandaise au dix-huitième siècle.

Il nous est donc difficile d'affirmer ici auquel de

(1) Ce portrait a été dessiné à la plume par M. P. Sellier et gravé par MM. Yves et Barret, suivant leur ingénieux procédé de gravure chimique en relief pour la typographie (la *photogravure*.)

ces deux célèbres artistes est dû ce portrait, par suite de la suppression de la signature que les précédents détenteurs du portrait ont eu la fâcheuse idée de faire disparaître de la plaque d'ivoire, en la diminuant de grandeur pour la transformer en un médaillon pour broche.

En effet, au simple examen du *médaillon*, on reconnaît facilement que le fond manque d'air au-dessus de la tête comme au-dessous du buste, et que, par suite, une partie du costume du temps a été diminuée.

Néanmoins, sans être aussi affirmatifs que nous, qui en avons la certitude, les experts les plus émérites, qui ont examiné et apprécié notre médaillon, n'ont pas hésité, même en l'absence de cette preuve matérielle, à reconnaître et à déclarer que, dans tous les cas, il devait être l'œuvre d'un des miniaturistes si distingués qui ont fait la gloire et l'ornement du dix-huitième siècle.

Les preuves abondent irréfutables, éclatantes, victorieuses ; il est positivement démontré qu'après Giroud de Villette, dont l'ascension avait un but tout à fait scientifique, est venu seulement le tour du marquis d'Arlandes, qui n'avait d'autre but, ce jour-là, que la simple attraction d'une promenade aérienne.

Giroud de Villette et le marquis d'Arlandes eurent de nombreux imitateurs ; mais l'hégire du ballon porte la date ineffaçable du 19 octobre : c'est le fanal élevé jusque dans la nue et qui sert de phare à tous les autres navigateurs. Citons en première ligne, dès le 1er décembre 1783, le professeur Charles et les frères Robert qui exécutaient leur ascension dans le jardin des Tuileries. Ils descendirent à Nesles, près de l'Ile-Adam et du bois de la Tour-du-Laye. Ce fait nous est confirmé par une lettre de M. le maire de Nesles-la-Vallée, canton de l'Ile-Adam, en date du 26 novembre 1879, qui nous informe » qu'aucun monument n'a été élevé, dans la com- » mune de Nesles ou aux environs, à la mémoire » des physiciens Charles et Robert; que le seul sou- » venir de leur descente dans la commune est une » copie du procès-verbal constatant que la ma- » chine aérostatique est descendue dans la prairie » de Nesles le 1er décembre 1783, et que cette copie, » conservée dans les archives de la mairie, a été » extraite du *Journal de Paris* en date du même » jour. »

Un monument a été cependant projeté à la gloire du professeur Charles; le modèle existe, en bois pétri, sculpté par la main d'un de ses amis ; c'est une véritable curiosité en même temps qu'une relique fort intéressante qui date de 1783 et que l'on voit exposée au Conservatoire des Arts et Métiers de Paris.

Ce modèle en forme de mausolée sur piédestal est surmonté d'un petit ballon avec sa nacelle, portant deux personnages microscopiques représentant Charles et Robert, avec cette inscription en style lapidaire.

Sur l'une des quatre faces du socle :

« Le 1er décembre 1783, à une heure après-midi, M. Charles,
» par le moyen de l'air inflammable, fut élevé le premier, du
» grand bassin des Tuileries, avec M. Robert le jeune.

Sur la face opposée :

» Ce monument, offert par l'amitié, sera peut-être le seul
» élevé à la vérité.

Sur une troisième face :

» Le 1er décembre 1783, à trois heures après-midi, MM. Charles
» et Robert sont descendus en ce lieu, et ce char et ce ballon,
» qu'ils ont consacrés, ont été figurés ici comme un monument
» à leur gloire ».

Ces derniers mots complètent le quadrilatère :

POUR LA POSTÉRITÉ.

A Giroud de Villette il manque un semblable monument.

Ascension du Ballon LE FLESSELLES
par PILATRE DE ROZIER *et sept Voyageurs*

TROISIEME VOYAGE AÉRIEN

Expérience faite à Lion le 19 Janvier 1784. Sous la Direction de M.r Joseph Montgolfier avec une Machine Aërostatique de 102 Pieds de Diamètre sur 126 de Hauteur

IV

Les nouveaux Moïse. — Ascension du *Flesselles*. — Lieutenant de police et académicien. — Le chevalier de Pougens. — Les sept Argonautes de Lyon. — Éloge d'un intendant général et des Lyonnais de 1784. — Si le roi le savait! — Le couronnement de Joseph de Montgolfier au théâtre. — L'histoire de l'homme de six mille ans.

Le chemin des cieux était trouvé, on avait désormais la terre promise sous les yeux ; on avait aussi de nouveaux Moïse. Les Montgolfier semblaient s'être condamnés à ne l'embrasser que du regard. Mais l'exemple donné par André Giroud de Villette tenta ces grands cœurs. Le 19 janvier 1784, à Lyon, dans les champs où s'est étendu depuis le grand quartier des Brotteaux, le *Flesselles* (1) emporta dans sa galerie sept voyageurs de distinction. Joseph de Montgolfier, l'aîné des deux frères, était parmi ces nouveaux Icares.

(1) Ainsi baptisé du nom de l'intendant de la province du Lyonnais, M. de Flesselles, sous le patronage duquel avait lieu cette ascension. C'est ce grand magistrat administrateur qui fut massacré, le 14 juillet 1789, sur les marches de l'Hôtel-de-Ville de Paris.

La relation de ce voyage aérien est tout au long rapportée dans une lettre inédite de Prost de Royer, lieutenant-général de police et membre de l'Académie de Lyon, adressée par lui, le 20 janvier 1784, à son ami le chevalier de Pougens, associé de cette Académie.

Le chevalier de Pougens (Marie-Charles-Joseph) est une curieuse physionomie de ce temps-là. Il était né à Paris, le 15 août 1755. C'était le fils naturel du prince de Conti. Le fils du prince alla s'asseoir à l'Institut. Il fut à la fois poète et littérateur, peintre même et musicien. A douze ans, il écrivit un poème en allemand, un poème intitulé l'*Aurore*, imitation de Gessner, et composa plusieurs ouvrages qui donnaient les plus hautes espérances. Il jouait du violon, non comme un amateur, mais comme un artiste accompli. A vingt-deux ans, il fut reçu membre de l'Académie de peinture à Rome ; Greuze et Bachelier lui avaient appris à manier le crayon et le pinceau. Il composa un morceau de réception remarquable, *le Marché d'Esclaves*, où la pureté de lignes de David était unie aux grâces de l'Albane. Après une visite aux Catacombes, le chevalier de Pougens fut attaqué de la petite vérole, qui mit son existence en danger et déposa une croûte sur ses yeux ; à la suite d'une opération maladroite, il eut le meilleur des yeux crevé et fut bientôt privé de l'autre. Il mourut le 19 décembre 1833, à l'âge de 78 ans, frappé d'une attaque d'apoplexie foudroyante. On a de lui quantité d'ouvrages scientifiques, philosophiques, et littéraires d'un très haut mérite, notamment : *Le Trésor des origines*, *Le Vocabulaire des nouveaux primitifs français*, *Essai sur les antiquités du Nord et les anciennes langues septentrionales*, *Les quatre Ages*, *Les Lettres d'un Chartreux* (écrites en 1755), *Abel ou les trois frères* (*1820*), *Les Contes du vieil hermite de la vallée de Vaux-Buin*, *Les Si et les Mais ou le soulier de Paul-Emile*, *Baktirer ou les méprises de l'amour-propre et du cœur*, *Les Erreurs de Florine*, *Les Lettres philosophiques*, *La Galerie de Lesueur*, des contes et un drame en vers, la *Religieuse de Nîmes*, à qui Marie-Joseph de Chénier, le poète révolutionnaire, emprunta son célèbre drame de *Fénélon*, et quantité d'ouvrages manuscrits au nombre desquels nous citerons ses *Dialogues philosophiques* et le *Dictionnaire des philosophes et des gens du monde*, *Caractères, Maximes et Pensées*. On juge quel homme ce devait être devant son labeur ; aussi comprend-on que ce soit à lui que l'académicien de Lyon aït adressé la relation de cette ascension fameuse.

L'original de cette lettre ayant été soustrait au chevalier de Pougens, il s'est heureusement trouvé que celui-ci avait déjà permis à Étienne de Montgolfier d'en prendre une première copie qui, par bonheur, est restée en la possession de sa famille. Cet écrit autographe en même temps que très authentique est également aujourd'hui la propriété de M. Laurent de Montgolfier, déjà cité page 28, et qui a bien voulu nous le communiquer.

Nous en donnons ici quelques fragments, contenant certains détails très intéressants et jusqu'à ce jour presque inconnus du public. Ils sont relatifs à cette ascension ainsi qu'aux sept aéronautes qui entreprirent ce voyage aérien.

Et d'abord, en ce qui concerne la dimension gigantesque du ballon, Prost de Royer le compare pour sa hauteur à Saint-Pierre de Rome, avec le dôme de l'Assomption en plus. Il était fait de papier maculature (1) et de serpillière (2) et il portait 5,500 livres pesant.

Le *Flesselles* s'éleva à 522 toises et, ajoute l'auteur de la lettre, « cette ascension eût été supé-» rieure sans une déchirure de 20 pieds qui se pro-» duisit à son enveloppe ».

Puis il continue ainsi sa narration : « En lisant, » mon cher ami, les noms des sept voyageurs, vous » devinerez aisément quels étaient ceux à qui l'on » peut bien appliquer justement le mot d'Horace » sur le premier navigateur aquatique : *Illi robur » et æs triplex* (3), et cette liste n'est pas indiffé-» rente pour l'estime de l'expérience.

---

(1) Gros papier qui enveloppe les rames de papier.

(2) Grosse toile d'emballage.

(3) Digression contre l'audace des hommes, tirée de l'ode au vaisseau qui portait Virgile à Athènes, où l'auteur souhaite à son ami une heureuse traversée, et dont nous reproduisons ici le passage en entier, pour plus de clarté dans la citation

Illi robur et æs triplex
Circa pectus erat qui fragilem truci
Commisit pelago ratem.

(HORACE, livre 1er, Ode III.

« Il eut sans doute un cœur entouré d'un triple chêne, d'un

» 1° M. de Montgolfier, l'aîné, inventeur de
» l'*aérostate* (1), savant modeste et froid comme
» Newton. A 200 *toises, il disait en riant bon-
« jour à sa femme;* son expérience lui coûte plus
» de 15,000 livres, et l'on fait des vœux sincères
» pour son indemnité, pour son encouragement,
» d'autant plus qu'il projette un autre ballon de
» soie qui pourra être élevé au passage du roi de
» Suède.

» 2° M. Pilâtre de Rozier, étonnant par son zèle,
» son activité et son courage raisonné, par son sa-
» voir et *les Mémoires qu'il a remis à l'Académie*,
» où il a été reçu par acclamation.

» Dans le monument qu'on va élever, on leur
» donnera leurs titres : à l'un d'*inventeur*, à l'autre
» de premier *navigateur aérien*. C'est Christophe
» Colomb à qui l'histoire rend hommage de la dé-
» couverte prétendue par Améric Vespuce.

» 3° Le prince Charles, fils aîné du prince de
» Ligne. Il allait souvent, le soir, encourager les
» jeunes gens comme il faut qui, ne pouvant voya-
» ger, voulaient au moins être ouvriers (mon fils
» aîné, que vous aimez tant, était du nombre). Le
» prince de Ligne et la jeune princesse (2) n'étaient
» pas dans le secret. Au retour, le prince Charles a

» triple bronze, celui qui (*le premier*) osa confier une barque
» fragile à la mer en courroux. »

(1) Lire notre observation à la page 46.

(2) Sa belle-fille.

» sauté au cou de son père; celui-ci a pleuré, l'a » embrassé et lui a dit seulement: *Bon et brave » jeune homme!* trois titres qu'il faudrait pouvoir » donner à tous les princes, à tous les chefs, à tous » les magistrats, à tous les gens en place.

» 4° M. le comte de Laurencin, Lyonnais, cheva- » lier de Saint-Louis, votre confrère à l'Académie.

» 5° Le comte de la Porte d'Anglefort, chevalier » de Saint-Louis et lieutenant-colonel d'artillerie, » si connu par sa bravoure et par l'affaire de Can- » cale (1).

(1) Le 5 juin 1758, une flotte anglaise, sous les ordres de l'amiral How et du général Bligh, ayant mouillé dans la baie de Cancale, débarqua le lendemain dans le port de cette ville, défendue seulement par la milice garde-côte, 15,000 Anglais commandés par le général Malborough. De là, ils marchèrent sur Saint-Malo pour en faire le siège; mais ayant appris qu'on accourait de toutes parts pour les repousser, ils crurent prudent de retourner en toute hâte à leurs vaisseaux, et se rembarquèrent les 11 et 12 juin, après avoir inutilement sommé Saint-Malo de se rendre.

Une pièce autographe de 1758, sur les opérations militaires et le débarquement des Anglais à Cancale, conservée aux archives de l'artillerie, qu'on a fait obligeamment mettre à notre disposition et qui paraît n'avoir encore été reproduite par aucun historien, est le rapport du 24 juillet 1758, d'un sieur S..., revenant des iles anglaises, qui a fait connaître la cause à laquelle on doit attribuer le rembarquement précipité des Anglais. Voici comment il se termine :

» On assure qu'une lettre interceptée, qu'un officier général » écrivit à monseigneur le duc d'Aiguillon, a été la cause du » rembarquement précipité devant Cancale, *dont le peuple » anglais n'a point été content*, et qu'il pourrait y avoir quel- » qu'un de puni à cette occasion. »

Nota : « C'est sans doute la lettre que M. le comte de Ray- » mond écrivit à deux fins à monseigneur le duc d'Aiguillon. «

» 6° Le comte de Dampierre, officier aux gardes » françaises, jeune homme de beau nom et de la » plus grande espérance, parlant guerre comme

---

En effet, dans une autre pièce autographe, donnant la relation concernant l'escadre anglaise, nous retrouvons le passage suivant :

« Quand il (le comte de Raymond) eut fait ses dispositions, « il écrivit à monseignenr le duc d'Aiguillon, dont on n'avait « encore aucunes nouvelles, pour être informé de la position et « pouvoir concerter les opérations relatives à attaquer les « ennemis, lorsque les troupes de Bretagne et celles qu'on au- « rait pu envoyer de la Basse-Normandie auraient été à por- « tée de se réunir.

« Il (toujours le comte de Raymond) écrivit cette lettre de « façon que si elle tombait entre les mains des Anglais, ils « eussent pu croire *toutes ces forces déjà arrivées et assez su-* « *périeures pour leur en imposer et leur donner de la crainte.* »

Puis après avoir donné la description des opérations militaires, il termine ainsi :

« Après ces opérations, il retourna au camp de la Houle, près « Granville, pour en rendre compte à M. le duc d'Arcourt. « Toutes ces précautions ont si heureusement réussi, qu'il en » est résulté *les effets les plus avantageux.* »

Comme on le remarquera, aucun fait d'armes important n'est signalé dans cette attaque, et il est probable que Prost de Royer, en citant dans sa lettre la bravoure du lieutenant-colonel, comte de la Porte d'Anglefort à l'affaire de Cancale, a eu en vue le combat de Saint-Cast, gagné par les troupes françaises et la noblesse de Bretagne, sur les Anglais, le 11 septembre 1758, où d'après l'aveu même de Monseigneur le duc d'Aiguillon, général des armées du roi et commandant en chef de la province de Bretagne, rendant compte au ministre de la guerre du succès de cette journée, il écrivait de Lamballe, le 12 septembre 1758 :

« *Nos colonels* (nul doute qu'il devait être question du comte » de la Porte d'Anglefort, qui s'est également distingué au » siège de Gibraltar) ont fait des merveilles, surtout MM. de » Polignac et de la Tour-d'Auvergne, et je n'ai encore rien vu » de comparable à la vivacité du feu de Villepatour (alors

» M. de Guibert (1), physique comme M. Pilâtre, » bien public comme un bourgeois, et humanité » comme un pauvre.

» 7° M. de Fontaine, jeune homme de Lyon : après » avoir été coopérateur zélé de M. de Montgolfier, et » lui donnant la main, il s'est jeté dans la galerie

» colonel d'artillerie) qui, avec huit pièces à la suédoise, tint » tête pendant deux heures à l'artillerie de cinq frégates et » de quatre gaillottes à bombes, et d'un vaisseau de 74 ca- » nons, embossés contre nous, qui tiraient continuellement. » (*Tiré de la correspondance autographe du duc d'Aiguillon, déposée aux archives historiques du ministère de la guerre.*)

Après cette brillante action, les Anglais regagnèrent en désordre leurs vaisseaux ; et dans cette déroute ils perdirent plus de 3,000 hommes, tant tués que blessés, ce qui fit dire « qu'ils avaient été chassés à coup d'Aiguillon. »

Dans les Mémoires autographes de Louis-Philippe Tabureau de Villepatour, commandant de l'Ordre de Saint-Louis, lieutenant-général et inspecteur général du corps royal d'artillerie, l'arme dans laquelle il avait acquis tant d'illustration, cet officier supérieur ajoute :

» A la suite de ce fait d'armes, S. M. (Louis XV) me fit venir à la Cour et me dit qu'elle savait que j'avais *frotté* les » Anglais à Saint-Cast, et qu'elle était on ne peut plus con- » tente de moi. »

(1) Le comte de Guibert (Charles-Benoist), lieutenant-général des armées du roi, grand'croix de l'Ordre de Saint-Louis, gouverneur et inspecteur des Invalides, naquit en 1715, à Montauban, et mourut le 8 décembre 1786.

Son fils (Jacques-Antoine-Hippolyte), maréchal de camp en 1788, naquit à Montauban, le 11 novembre 1743, et mourut à 47 ans, le 6 mai 1790. Il est l'auteur de l'*Essai général de tactique*, publié en 1773, et si curieusement loué par Voltaire, et de plusieurs tragédies dont l'une représentée deux fois à la cour de Versailles : *Le Connétable de Bourbon*, passa longtemps pour égaler tout ce que Racine avait écrit de plus beau

» afin que le commerce fournît aussi sa mise de cou-
» rage, et qui ne l'aurait pas imité ?...

» La corde est coupée, l'*aérostate* s'ébranle et,
» par un mouvement de dérivation, va toucher
» l'enceinte d'où *mille personnes la soutiennent*
» et d'où elle s'élève perpendiculairement et ma-
» jestueusement, planant sur la ville et vue à douze
» lieues à la ronde.

» Alors, ce que j'ai éprouvé, ce que j'ai vu, si
» vous me pressez de le dépeindre, je dirai avec
» Montaigne : « *Je sens que cela ne se peut expri-*
» *mer; il y a au-delà de tout mon discours, et de*
» *ce que j'en puis dire particulièrement, je ne sais*
» *quelle force inexprimable.* C'était le vaste silence
» de Tacite, la vive émotion, le cri de l'étonnement!
» les larmes de joie, l'enthousiasme, l'extase!

» L'on a vu plusieurs personnes se mettre à
» genoux et d'autres les mains jointes s'écriant :
» *M. de Montgolfier*, VOUS ÊTES UN DIEU ! C'était
» encore ce que Rousseau disait de l''ascension sur
» les hautes Alpes : (1) *Ce spectacle a quelque*
» *chose de surnaturel qui ravit l'esprit et les sens;*
» *on oublie tout, on s'oublie soi-même on ne sait*
» *plus où l'on est, et l'on prend je ne sais quel ca-*
» *ractère grand et sublime, proportionné aux ob-*
» *jets qui frappent.*

» Ce caractère a passé à tous les spectateurs, à
» l'instant où ce vaste édifice (l'*aérostate*), détaché

(1) C'est-à-dire de l'ascension d'un touriste, puisque de son temps les ballons n'étaient pas encore connus.

» de sa barre, s'est élevé majestueusement dans les » airs, au bruit d'une nombreuse musique, des cris » de joie et des adieux des voyageurs ; cent cin- » quante mille personnes n'avaient plus qu'un cœur » qui les a portées comme un flot au lieu de la des- » cente ; et j'ai vu notre bon peuple se jeter dans » les fossés en criant : *Passez sur nous, il ne faut » pas que vous touchiez terre.* Puis on a jeté » M. Pilâtre de Rozier à cheval, M. de Montgol- » fier avec trois voyageurs dans un carrosse, et cette » marche populaire, qui vaut bien les triomphes, » les a conduits dans la ville, au milieu des cris de » joie, des bénédictions et des offrandes, car c'était » une espèce de culte.

» J'entendais dire : *On se plaint que cela fait » perdre quelques coups de navette ; mais cela a » bien rapporté peut-être deux millions. Cette » chienne de curiosité nous a détournés; mais » depuis que le monde est monde, il n'y a rien eu » de si beau.* Ce que l'homme peut !... il peut » tout. » C'est ce qu'à notre tour nous traduisons ici par cette citation bien connue : *Nihil mortalibus ardui est. (Rien ne paraît impossible aux mortels.)*

« La science, continue Prost de Royer, est bonne » à quelque chose... Et puis les princes, les guer- » riers et les nobles s'en mêlent !... tant mieux, ça » les occupera : ils ne parleront pas toujours de se » divertir, de s'avancer et de faire la guerre *qui nous » ruine*.... »

Ici M. le lieutenant général de police décrit les qualités et l'ardeur au travail de ces nouveaux Phaétons et il ajoute, en parlant de l'organisation de cette fête par l'intendant général : « Il a dû bien » dépenser (M. de Flesselles) ! Avec ça, il est si bon » si équitable ! Il aime bien les Lyonnais et il en » est bien aimé !.. C'est que les Lyonnais *sont de bons* » *enfants* quand on sait les prendre et leur parler » comme lui... Oh ! s'il pouvait ! la fabrique se re- » monterait ; la Cour porterait toujours des étoffes » riches(1). La mode en reviendra, s'il plaît à Dieu; » car je ne fais plus que l'uni, et *cela ne rend rien.* » Il faut bien que cela revienne, car Lyon s'en va ; » il y a trois cents maisons à vendre, point d'argent » et le roi y perd gros...

» Le roi... le roi ne sait pas cela. *Il est si loin de* » *nous!* On avait dit qu'il reviendrait. Oh! s'il venait, » *il n'y a que ce jour-là qui serait plus heureux* » *que celui-ci!* »

Et ce bon roi et cet incomparable intendant ne sont plus revenus ! 1789 y mit bon ordre et 93 acheva de creuser l'abîme pour les Lyonnais.

Prost de Royer dépeint encore l'enthousiasme général qui éclata le soir au théâtre, quand les voyageurs y ont successivement paru : « On don- » nait ce soir-là l'opéra d'*Iphigénie*; la pièce était » avancée, il a fallu baisser la toile pour ne voir

(1) De tous temps, le luxe des riches a toujours répandu le bien être dans les classes laborieuses, et dès qu'il cesse, il devient pour elles une cause de misère réelle. C'est ce qu'un exemple récent vient trop malheureusement encore de prouver.

» que les Argonautes et les applaudir tour à tour.
» La pièce recommencée, l'auteur a présenté à madame de Flesselles sept couronnes, et M. Pilâtre portant la sienne sur la tête de M. de Montgolfier, l'ivresse a redoublé.

» En quittant le spectacle, on s'est rendu, accompagné d'une foule innombrable, chez M. le prévost des marchands, commandant de la ville, qui avait invité à souper tous les voyageurs, et de là chez M. de Flesselles, où l'on a dansé. Puis quand ces messieurs furent rentrés chacun chez eux, la foule, qui déjà les avait accompagnés chez le prévost des marchands, s'est rendue chez les Argonautes qu'il fallait revoir encore. Il n'y avait ni nuit, ni froid, ni soucis, ni chagrins ; *il n'y avait qu'un seul cœur et le même délire.*

« Enfin, ajoute le narrateur en terminant, il y a un an, on aurait traité de visionnaire celui qui aurait dit : *Sept hommes vont s'élever au-dessus des nuées et parcourir la région des airs,* ET PORTÉS *seulement par une mauvaise toile et quelques fagots allumés.* C'est l'histoire de l'homme de *six mille ans*, si profondément pensée et si bien écrite par le prince, auteur du *Neveu borné...* »

C'est l'histoire de l'homme de tous les temps.

V

La première femme en ballon. — Un quatuor de marquises. — Gustave Wasa. — La Révolution en Scandinavie et en France. — Les ascensions princières. — Louis Philippe d'Orléans. — Le comte d'Artois. — La traversée de la Manche. — Blanchard et John Greffries. — Mort de Pilâtre de Rozier. — L'héritière des Montgolfier. — Les premiers dangers. — L'opinion du commandant des aérostiers de Fleurus. — L'Exposition universelle de 1878. — L'explosion du ballon Giffart. — L'héritage d'André Giroud de Villette. — A chacun son œuvre, à chacun sa gloire.

Le projet énoncé par la lettre de Prost de Royer au chevalier de Pougens, au sujet du prochain passage du roi de Suède, qui voyageait sous le nom de comte de Haga, eut son accomplissement dans la ville de Lyon, le 4 juin suivant, avec le *Gustave*, ainsi baptisé en l'honneur du monarque scandinave qui était présent.

Cette ascension fut aussi rendue mémorable par la participation qu'on y vit prendre à la dame Tible, une jeune et jolie Lyonnaise à laquelle le comte de Laurencin céda galamment sa place dans la nacelle, où elle monta en compagnie d'un sieur Fleurant.

Le *Gustave* n'est cependant pas le premier aérostat qui ait compté une femme au nombre de ses voyageurs. Dès le 20 mai 1784, à Paris, Pilâtre de Rozier, en compagnie des frères de Montgolfier, du marquis de Montalembert, d'Artaud de Bellevue et de deux gentilshommes, firent faire une promenade aérienne en ballon captif à quatre grandes dames de distinction dont les noms sont assez curieux à connaître : Mesdames la marquise de Montalembert, la comtesse de Montalembert, la comtesse de Podenas et Mademoiselle de Lagarde.

Le souverain du Nord eut, dix-huit jours après, un nouveau et émouvant spectacle aérien sous les yeux. Le 22 juin 1784, à Versailles, dans la cour des ministres, devant le château, une autre montgolfière considérable s'éleva majestueusement devant Gustave Wasa. Cette montgolfière emportait le savant Proust avec Pilâtre de Rozier. Le vent les poussa jusqu'à Compiègne, et la descente s'effectua heureusement aux environs, dans un lieu de la campagne qui, n'ayant pas de nom, fut appelé, par ordre de monseigneur le prince de Condé, *Pilâtre de Rozier* en l'honneur de ce célèbre aéronaute, à qui le roi donna une pension de deux mille livres. Le navire aérien était placé sous l'invocation de la reine, et l'on y avait inscrit le nom de *Marie-Antoinette*. Il était orné des chiffres de Louis XVI et de Gustave III, ainsi que d'un brassart *blanc*, emblème du coup d'état du 19 juillet 1772 (1).

(1) Sept ans plus tard, au moment où Gustave *III*, appro .

La révolution qui s'était accomplie ce jour-là en Suède, pour venger la royauté des affronts qu'elle avait subis pendant la période dite de temps de liberté (*Frihets-tiden*), de la part de la noblesse vendue à la Russie, avait été préparée, dès 1770, avec la cour de Louis XV qui avait promis des subsides.

---

nant les malheurs de la France, se proposait de marcher au secours de la famille des Bourbons, et à vaincre la Révolution, une conspiration fut ourdie contre lui en Suède. Un des principaux conspirateurs était le jeune comte de Ribbing, le père de M. de Leuven, l'auteur dramatique, l'un des derniers directeurs de l'Opéra-Comique. — Quelque temps avant cette conspiration, le comte de Ribbing, ayant appris que la devineresse Arfwedsson, qui montrait au roi l'avenir dans le marc de café, lui avait conseillé de prendre garde s'il rencontrait un homme habillé de rouge, se commanda un habit rouge par bravade, et se présenta avec cet accoutrement aux yeux de son souverain, qu'une telle apparition fit réfléchir, sinon trembler.

Parmi les autres conspirateurs étaient le comte de Horn, puis le lieutenant-colonel comte de Lelienhorn, major des gardes bleues, l'auteur du billet anonyme adressé au souverain pour l'avertir du danger qu'il courait, et dont Gustave III ne tint aucun compte. Ce billet recommandait instamment au roi de ne point paraître au bal. Il est à présumer que sa conscience à s'acquitter ainsi auprès du roi, à qui il devait tout, sans se démentir auprès de son parti, dicta au comte de Lelienhorn sa résolution. Ensuite le baron d'Ehrenswald, le capitaine J. Anckastroëm, officier des gardes du roi, et enfin le baron Pechlin, vieillard de soixante-douze ans, qui était l'âme du complot.

Le 16 mars 1792, prélude du 21 janvier 1793, Anckastroëm, celui ces cinq conjurés désigné par le sort pour assassiner le roi, lui tira un coup de pistolet chargé à mitraille en plein bal masqué, à l'Opéra de Stokolhm, et l'atteignit à la hanche. Le pistolet du régicide suédois annonçait le couperet de la guillotine parisienne. Gustace III expira treize jours après, le 29 mars, à onze heures du matin.

Brutus Anckastroëm subit la peine des parricides : la déca

Elle fut le véritable pendant du coup d'État médité depuis longtemps par Louis XV, qui l'accomplit l'année précédente, de concert avec le chancelier de Maupeou, dont l'énergie brisa toutes les résistances, dans la nuit du 19 au 20 janvier 1771, où tous les membres du Parlement furent surpris chez eux par l'arrivée de deux mousquetaires.

Louis XV, après l'édit du 9 avril 1771, qui détruisait et exilait les anciens parlements, défendit toute intercession en faveur du parlement déchu ; il se retira, en disant avec une énergie d'emprunt : « Je ne changerai jamais. » Il substituait ainsi une magistrature nouvelle à cette antique puissance du Parlement de Paris, qui remontait aux premiers jours du quatorzième siècle, époque à laquelle les trois états de France furent pour la première fois convoqués par Philippe IV (Le Bel) à Notre-Dame-de-Paris, le 10 avril 1302, un des faits les plus im-

pitation et le poing coupé. — En apprenant la mort du roi de Suède, les Jacobins de France, par la folle joie qu'ils témoignèrent à la nouvelle de cet attentat, tout en affectant de narguer les projets de Gustave III, montrèrent par là combien ils les redoutaient.

La fin tragique de ce souverain a été mise en scène dans un opéra, représenté pour la première fois à Paris, le 27 février 1833, sous le nom de *Gustave ou le bal masqué*, dont la musique est d'Auber, le plus abondant et le plus estimé de nos compositeurs français, et le livret de Scribe. — Sans critiquer l'œuvre de grand librettiste, il est permis cependant d'ajouter que, dans l'intérêt de la vérité des situations historiques, personne mieux que M. de Leuven, dont le comte de Ribbing, son père, a joué l'un des principaux rôles dans la conspiration et dans le crime, n'eût été à même de les bien rendre dans toute leur sincérité.

portants de notre histoire, et à la tête de cette magistrature il plaçait le chancelier de Maupeou, qui l'avait aidé dans l'accomplissement de son coup d'état.

Le chancelier tomba en disgrâce, trois ans plus tard, le 24 août 1774, et Louis XVI ne lui tint aucun compte du procès qu'il avait fait gagner au feu roi Louis XV, et que ses aïeux soutenaient contre les parlements depuis plus de deux siècles. Maupeou reçut l'ordre de rendre les sceaux, qui furent confiés à Hue de Miroménil, ancien président du Parlement de Rouen. — Il supporta sa disgrâce avec une fierté inattendue : « J'avais fait gagner un grand » procès au roi, dit-il ; il veut remettre en question » ce qui est décidé. » Il refusa la démission de sa charge inamovible et ne fit jamais aucune démarche pour reparaître à la cour.

Louis XVI, qui avait complètement manqué d'énergie devant une émeute, comme le dit M. Henri Martin, dont le témoignage ne saurait être suspect pour personne, eut la faiblesse, sous le ministère de Maurepas, qui succéda au triumvirat de Maupeou, de rappeler les anciens parlements, le 9 novembre 1774, et, quelques années plus tard, de convoquer autour du trône les Etats généraux qu'il ouvrit le 5 mai 1789.

Ce fut le signal de cette terrible Révolution qui, en bouleversant le royaume, renversa le trône que tant de grands rois avaient occupé, et, en même temps, c'était se préparer au sort tragique qui l'attendait.

Louis XVI méritait cependant d'obtenir l'estime et le respect de son peuple par ses vertus morales et religieuses, par son économie, par son esprit de justice et par ses sentiments de bonté et de bienfaisance ; il méritait aussi que l'on eût versé des larmes sur sa tombe.

Une autre ascension, une ascension princière, qui n'offrait pas moins d'intérêt que celle dont nous avons parlé plus haut, à cause des illustres personnages qui en furent les auteurs, eut lieu quelque temps après celles des 4 et 22 juin 1784. Cette ascension eut Saint-Cloud pour théâtre, le 15 juillet 1784. Le duc de Chartres (Louis-Philippe-Joseph d'Orléans), père du roi Louis-Philippe Ier, y prit une part active. Cet autre Icare était réservé lui aussi à une chute éclatante : il tomba dans la Révolution qui l'emporta comme une tourmente, et de la Révolution sur un échafaud..... Celui qui devint plus tard roi de France, sous le nom de Charles X, voulut demander aussi leur secret aux nues, et il s'éleva plusieurs fois dans un magnifique aérostat qui portait son nom : *Le Comte d'Artois*.

Mentionnons aussi l'ascension du 7 janvier 1785, l'ascension de Douvres, non moins célèbre que les prédédentes, opérée par l'aéronaute Blanchard, en compagnie du docteur John Geffries, et qui, plus plus heureux que son devancier, l'infortuné Pilâtre de Rozier, eut la gloire de traverser la Manche et de descendre à Calais sain et sauf. Pilâtre de Rozier, qui avait résolu lui aussi d'entreprendre la traversée contraire, en passant la Manche de France en Angleterre, périt victime de son généreux transport. Il avait voulu combiner le réchaud de Montgolfier et l'air inflammable du physicien Charles : c'était, comme dit celui-ci, « placer un réchaud sous un baril de poudre. » Aussi, le 15 janvier 1785, entre sept et huit heures du matin, accompagné de Romain, l'un des constructeurs de l'aérostat (*l'aéro-montgolfière*), ils furent tous deux précipités des nuées et tombèrent sur la terre, presqu'enface la tour de Croy, à cinq quarts de lieues de Boulogne et à trois cents pas de la mer, où ils avaient été ramenés par le vent d'ouest. L'infortuné Pilâtre de Rozier fut trouvé, le corps fracassé et les os brisés de toutes parts; son compagnon, qui respirait à peine, expira quelques heures après.

Il n'est pas sans intérêt de faire connaître ici un fait, jusqu'à présent resté toujours ignoré, qui se rattache à la fin tragique de l'infortuné Pilâtre de Rozier, et qu'aucun de nos devanciers n'a encore raconté : c'est la tentative inutile et désespérée que firent auprès du célèbre aéronaute les deux frères Montgolfier pour le détourner de son périlleux voyage. Ce renseignement est d'autant plus précieux à connaître qu'il nous a été donné dans une lettre autographe de Mademoiselle Adélaïde de Montgolfier, bien connue dans le monde des lettres par ses nombreux et charmants écrits. Elle est la fille d'Étienne de Montgolfier, et, quoique âgée aujourd'hui de plus de 87 ans, sa lettre ou mieux son style respire encore toute la fraîcheur de ses jeunes années.

Voici cette lettre :

« Bougival, 17 août 1867.

» *A M. Giroud de Villette,*
ancien avocat à la Cour royale de Paris.

» MONSIEUR,

» Votre obligeante lettre s'adresse à une personne bien âgée » et peu en état de répondre. J'avais six ans lorsque j'eus le » malheur de perdre mon père, et mes souvenirs de mon cher » père sont très vagues et obscurs ; je ne pourrai donc pas » répondre comme je le voudrais à votre communication.

» Je n'en suis pas moins très reconnaissante de votre lettre » et vous remercie beaucoup d'avoir pensé à la fille très hum- » ble de ce grand homme bien regretté.

» Recevez, monsieur l'assurance de mes sentiments distin- » gués.

» ADÉLAÏDE DE MONTGOLFIER. »

P. S. « En feuilletant dans mes plus lointains souvenirs, je » me rappelle que mon père avait écrit une lettre instante *pour* » *détourner le voyage* dont le malheureux Pilâtre de Rozier » fut victime. S'il m'en souvient bien, lui et son frère voyaient » dans leurs efforts et leur découverte, des portes pour aller » plus loin. »

Nous pourrions encore citer bien des noms qui, après ceux dont nous venons de parler, et de nos jours, se sont également illustrés dans l'art de la navigation aérienne, et qui mériteraient, à plus d'un titre, d'avoir ici place, s'ils ne l'avaient déjà dans des livres bien autrement autorisés que cette modeste notice, et qui sont ceux, sinon des imitateurs, au moins des continuateurs des premiers essais tentés par Pilâtre de Rozier et Giroud de Villette. D'autres ont recueilli leur héritage et y ont trouvé la gloire dont ceux-ci n'avaient que le pressentiment. Une entreprise *aussi nouvelle* demandait, certes, un grand courage chez ceux qui avaient osé, les premiers, se confier, même en ballon captif, aux courants inconnus de l'atmosphère.

— Eh quoi ! dira-t-on, ce n'était pas plus difficile que cela !

Non... Mais, comme pour découvrir le Nouveau-Monde, il fallait s'aviser et oser (1).

Voici le dilemme inflexible que s'était posé Giroud de Villette : « Ou la mort ou la gloire du succès. (2) »

(1) C'est, en effet, l'opinion de M. Julien Turgan quand, à la page 19 de sa brochure sur les ballons, il constate que Giroud de Villette *osa* accompagner Pilâtre de Rozier, *puis, après lui*, le marquis d'Arlandes, et celle d'un autre publiciste, non moins autoritaire, M. W. Duckett, directeur du *Dictionnaire de la Conversation*, qui, au mot *aérostat* (du latin *aer*, et *stare*, se tenir), à propos des trois expériences tentées, le 19 octobre 1783, dans les jardins de Réveillon, par Pilâtre de Rozier, constate que « Giroud de Villette *osa* l'accompagner et, *après lui*, le marquis d'Arlandes. »

(2(« La mort. » — Nous avions pensé employer ici le mot *néant*, dont on se sert souvent pour définir la non existence ou la cessation de la vie corporelle de l'être vivant, et qui sonne mieux à l'oreille, parce qu'il est plus en cadence avec la phrase; mais nous y avons renoncé, parce que le *néant* est une expression toute matérialiste et que ce n'est pas en l'honneur de cette église-là que nous proférons notre *credo*.

Et confiant en Dieu et dans l'immortalité (car alors on croyait à quelque chose), il était prêt à l'une et à l'autre (1).

Une tentative aussi téméraire offrait, en effet, alors plus d'un danger : par exemple, l'égarement de l'aérostat dans la mystérieuse région des nuages, si la corde venait à se rompre, et la mort menaçante, occasionnée par le feu instantanément communiqué au ballon ; car il ne faut pas perdre de vue que le ballon était alors chargé d'un réchaud suspendu à sa base, et que ce réchaud entretenait, au moyen de paille, la flamme la plus vive, la plus continue et la plus brillante.

Une autre preuve de péril, c'est que *les véritables auteurs de l'aérostation*, Joseph et Étienne de Montgolfier, soit dit ici sans vouloir porter atteinte à leur génie et à leur courage, n'osèrent se risquer à tenter eux-mêmes une ascension que lorsque Pilâtre de Rozier en avait déjà fait dix ou douze, dont sa première avec Giroud de Villette.

Tous ces dangers étaient réels et d'autant moins imaginaires que l'art de la navigation aérienne était alors à l'état d'embryon. Aussi ne faut-il pas s'imaginer que l'ascension captive, en dehors des principaux dangers que nous venons de signaler, n'en courût pas d'autres.

(1) Cette confiance en Dieu est entièrement confirmée par une note écrite de la main de son père, dans laquelle il fait part à ses autres enfants des derniers moments de son fils aîné et des dispositions édifiantes avec lesquelles il a reçu le saint viatique.

« *L'aérostat captif*, dit Coutelle, le comman-
» dant des aérostiers sous la République, que nous
» avons déjà nommé, est exposé, par les grands
» vents, à être précipité et *brisé avec violence con-*
» *tre la terre.* » C'est ainsi que, pendant la bataille de Fleurus et dans une reconnaissance qu'il fit à Mayence, par ordre du général Jourdan, ce même commandant raconte « qu'il était à plus de 1,500
» toises d'élévation, lorsque trois bourrasques suc-
» cessives le rabattirent avec une si grande force
» que plusieurs des barreaux qui contenaient le fond
» de sa nacelle furent brisés. » Chaque fois le ballon s'élevait avec une telle vitesse que soixante-quatre personnes, *trente-deux* à chaque corde, ÉTAIENT ENTRAINÉES A UNE GRANDE DISTANCE. Si les cordes avaient été fixées à des grapins, ainsi qu'on l'avait proposé, il n'y a pas de doute qu'elles eussent été cassées ou que le filet n'eût été rompu. L'ennemi ne tira point. — Cinq généraux sortirent de la place et hissèrent le drapeau parlementaire. Nos généraux allèrent au-devant d'eux : lorsqu'ils se furent rencontrés, le général qui commandait la place dit en français : — « M. le général, je vous
» demande en grâce de faire descendre ce brave
» officier; LE VENT *va le faire périr;* il ne faut
» pas qu'il soit victime d'un accident étranger à la
» guerre. »

Un événement arrivé hier démontre, hélas! plus cruellement que jamais la vérité des périls courus, le premier, par André Giroud de Villette, et si courageusement bravés par le commandant Coutelle devant Mayence et dans le champ de Fleurus.

Déjà l'explosion du grand ballon captif de M. Giffard, à Berlin, n'attestait que trop, même aujourd'hui, en dépit des perfectionnements, de tous les progrès, de l'expérience acquise depuis près d'un siècle, que des périls connus et inconnus n'avaient pas cessé d'entourer les ascension en ballon captif. L'explosion du gigantesque aérostat, qui avait été une des curiosités de l'Exposition universelle de 1878, est un dernier et irrécusable témoignage en faveur de l'audacieux Icare qui, le 19 octobre 1783, a le premier ouvert aux autres la route des cieux. Le 16 août 1879 s'est uni lumineusement à cette date étoilée du 19 octobre 1783, et la cour des Tuileries, devant ce colosse effondré, devant le palais des rois détruit, a jeté un long cri qui est venu réveiller l'écho des jardins de la Folie-Titon, dont les grandeurs sont aussi déchues.

C'est le samedi 16 août 1879, à 4 heures 35 minutes de l'après-midi, qu'est arrivé cet évènement auquel il n'a manqué que l'intervention de la mort pour prendre les proportions d'un véritable désastre. Ce ballon, qui avait fait l'émerveillement du monde entier, pendant l'année 1878, avait été gonflé de nouveau cette année pour la seule satisfaction des Parisiens. Il remplissait et obstruait la vaste cour, aujourd'hui vide, des Tuileries, et dominait ses ruines. C'était l'aérostat le plus puissant, le plus triomphant, le plus majestueux, le plus gigantesque

que la science eût encore offert à l'admiration des peuples.

La sphère formée par cet aérostat avait 36 mètres de diamètre; sa surface était de 4,000 mètres carrés, son volume de 25,000 mètres cubes, son poids total, non compris le cable, de 14,000 kilogrammes. C'était la plus colossale machine aérostatique qui eût jamais été faite. Cet aérostat était, par conséquent, aussi haut que l'Arc-de-Triomphe et la colonne Vendôme. Il était tenu inébranlablement par ses amarres. La pluie, tombée pendant presque toute la nuit, avait fortement rafraîchi l'atmosphère, et le gaz hydrogène, qui est le plus léger de tous les gaz, s'étant condensé, et le ballon formant des plis, le vent qui s'engouffrait dans ces plis faisait clapoter l'étoffe avec fracas, et par moment ces claquements retentissaient comme des coups de tonnerre. — Tout à coup une bourrasque d'une violence extrême vint frapper le ballon qui oscilla une seconde, puis un bruit formidable, suivi d'une sourde détonation, se fit entendre : l'étoffe venait de se déchirer verticalement de bas en haut; le gaz, en s'échappant, avait produit la détonation, et, en moins d'une demi-minute, le géant s'affaissait, dégonflé, déchu, détruit.

On frémit à la pensée de l'épouvantable malheur qui serait arrivé, si cet accident se fût produit pendant que le ballon était en l'air, emportant dans sa nacelle cinquante voyageurs, ainsi qu'il en avait coutume, et si surtout le câble eût résisté aux secousses qui se seraient inévitablement produites sous les efforts du vent.

Ainsi nous avons aujourd'hui le dernier mot de la science aérostatique sur l'idée qu'on s'était faite jusqu'à présent de la solidité et de la sécurité que présentaient dans leur emploi ces engins gigantesques, et qui perpétuait cette utopie qu'on ne courait aucun risque en ballon captif. Qu'on ne se fasse donc pas davantage illusion sur les dangers des ascensions captives. Et combien devait donc être plus périlleuse la première ascension entreprise dans les jardins de Réveillon par Pilâtre de Rozier et son jeune et savant compagnon de voyage, André Giroud de Villette, quand on songe surtout qu'au lieu d'être opéré, comme aujourd'hui, avec du gaz hydrogène, le gonflement des aérostats de 1783 avait lieu par la dilatation de l'air et, nous le répétons, au moyen d'un réchaud suspendu à leur base et constamment entretenu par un feu de paille mouillée dés plus vifs, qui pouvait, d'un instant à l'autre, incendier le ballon, et celui-ci devenir la proie des flammes et précipiter à terre les courageux aéronautes, comme l'expérience l'a d'ailleurs plus d'une fois si cruellement démontré ?

Laissons donc à celui qui eut une si large part aux premiers périls sa part de gloire.

Il est temps et juste, suivant la maxime rapportée par l'apôtre saint Mathieu, et que Jésus-Christ fit entendre aux Pharisiens, « de rendre à Dieu ce qui est à Dieu et à César ce qui est à César (1), » c'est-à-dire la part d'initiative qui appartient à Giroud de Villette dans cette grande et merveilleuse invention; car l'expérience à laquelle il a concouru le premier mérite au plus haut point d'attirer l'attention des admirateurs de cette découverte, car « c'est » à elle (2) qu'on doit incontestablement toutes » celles qui ont été faites après. »

Ajoutons enfin, en terminant, que c'était à nous, en qualité de seul neveu et d'unique héritier aujourd'hui du nom de Giroud de Villette, qu'il appartenait de ne pas laisser plus longtemps s'accréditer une erreur manifeste que quelques publicistes mal informés ont eu le grand tort d'avoir invariablement reproduite, en se copiant les uns les autres.

Répétons donc une dernière fois pour toutes, ainsi que nous l'avons surabondamment démontré, que *ce fut M. Giroud de Villette et non le marquis d'Arlandes qui eut, sinon la gloire, au moins le modeste privilège d'avoir accompagné* LE PREMIER *Pilâtre de Rozier dans sa mémorable ascension du* 19 *octobre* 1783. Et rappelons que le marquis d'Arlandes *prit ensuite la place de Giroud de Villette.*

Au surplus, ce sont là des faits qui ne peuvent plus être révoqués aujourd'hui en doute, ni récusés par personne, consacrés qu'ils sont autant par l'autorité des temps que par celles du *Journal de Paris*,

(1) C'était alors l'empereur Tibère, le second des douze Césars.

(2) Rapporte encore Faujas de Saint-Fond.

le moniteur officiel de l'époque ; par conséquent ils sont irrévocablement et pour toujours acquis à l'histoire de l'Aérostation.

Il nous a donc paru juste, en même temps qu'intéressant, de les consigner dans cet écrit, et d'appeler sur cet ordre d'idées la sérieuse attention de tous ceux qui ont suivi la marche progressive de l'art aérostatique depuis son origine, par les frères de Montgolfier, jusqu'à nos jours.

Et, sous ce rapport encore, nous sommes persuadé qu'en publiant cette rectification, la Société française de navigation aérienne (1), à laquelle nous adressons plus particulièrement cet appel, et qui a fourni tout dernièrement son contingent de victimes à l'aérostation, trouvera dans cet acte de réparation posthume quelque occasion de rendre elle-même hommage à la mémoire de Giroud de Villette, de celui qui fut le premier compagnon de l'infortuné Pilâtre de Rozier, le premier martyr de l'aérostation.

(1) Cette société, qui a son siége à Paris, rue Lafayette n° 95, est approuvée par décision de M. le ministre de l'instruction publique. — Elle publie tous les mois, sous le titre de *L'Aréonaute*, un bulletin illustré de la navigation aérienne. M. Paul Bert, l'éminent professeur à la Sorbonne, en est le président. — A l'une des séances générales annuelles qui a eu lieu, sous la présidence de M. Paul Bert, à l'hôtel de la Société centrale d'horticulture, rue de Grenelle-Saint-Germain, en présence d'un nombreux auditoire, l'éminent professeur a prononcé un discours qui a été chaleureusement applaudi ; puis on a ensuite entendu plusieurs rapports sur les progrès de la navigation aérienne, de 1874 à 1875, et la séance s'est terminée par quelques expériences sur des appareils d'aviation et par la distribution des récompenses annoncées.

Nous avons la confiance absolue, en accomplissant ainsi un devoir de famille, près d'un siècle plus tard, d'avoir démontré d'une manière authentique et irréfutable que Giroud de Villette a eu la gloire de concourir *le premier de tous* à l'ascension montée du 19 octobre 1783, véritablement *la première de toutes*.

A chacun son œuvre, à chacun sa gloire !

VI

La famille de Montgolfier. — Le nobiliaire de Sainte-Barbe. — La découverte. — La part des deux frères. — Le parachute. — L'histoire de l'Italien Lavini. — Un souvenir de Varennes. — Le bleu de Prusse. — L'ordre de Saint-Michel. Le rapport de Boissy-d'Anglas. — Les armes des Montgolfier. — Le monument d'Annonay.

La découverte des aérostats, qui date de 1783, est due au génie fécond et abondant des frères Joseph et Étienne de Montgolfier. Nous verrons tout à l'heure quelle part l'histoire attribue à chacun d'eux. Aussi est-ce ici qu'avec le poète leur père, Pierre de Montgolfier, aurait pu dire avec un juste orgueil :

« *Non ebur neque aureum.*
» *Mea renidet in domo lacunar.....*
» ..... *At fides et ingenii benigna*
» *Vena est.* (1) »

(1) Ni l'ivoire, ni les lambris dorés ne brillent dans ma maison.........
.... Mais j'ai une lyre et une veine féconde de génie.
(HORACE, liv. I.... Ode XVIII, Contre la cupidité des richesses.)

Pierre de Montgolfier était un riche fabricant de papier d'Annonay, dans le département du Vivarais, aujourd'hui le département de l'Ardèche. Il eut dix-sept enfants et son père dix-huit, soit trente-cinq enfants pour deux générations. Ses deux fils, Joseph et Étienne, naquirent à Vidalon-lès-Annonay.

1° Joseph-Michel en 1740, lequel mourut à Paris en 1810. Il appartenait à une famille où régnèrent les mœurs patriarcales dont lui-même, à son tour, a donné l'exemple, où la vie était consacrée par le travail. Il était membre de la Légion d'honneur, et fut décoré par Bonaparte lorsque, premier consul, il distribua des croix d'honneur aux citoyens qui avaient contribué aux progrès de l'industrie nationale. Rappelons à cette occasion que, ce jour-là, Joseph de Montgolfier, dont la modestie allait jusqu'à un entier oubli de lui-même, n'osa se présenter pour recevoir en public la décoration de la Légion d'honneur, et qu'il s'étonnait qu'elle lui eût été déférée. Plus tard, en 1807, il fut nommé membre de l'Institut et de plusieurs autres Sociétés savantes, puis professeur et l'un des administrateurs du Conservatoire des Arts et Métiers. C'est en parlant de lui que M. Séguin l'aîné, l'un de ses neveux, a dit que « parmi les frères de » Montgolfier, TOUS d'une grande valeur, Joseph « de Montgolfier SEUL EUT UNE DOSE DE GÉNIE » telle que, depuis Newton, il n'avait pas existé » d'homme *qui pût lui être comparé* ». Enfin il fut avec son frère Jacques-Étienne l'inventeur de l'aérostat et du premier bélier hydraulique qui fut construit dans la papeterie de Voiron.

2° Jacques-Étienne de Montgolfier, né en 1745. Il fut envoyé jeune au collège de *Sainte-Barbe* (1),

(1) La Révolution, en détruisant tous les établissements universitaires, renversa du même coup le collège de Sainte-Barbe. Plus tard, en 1797, quand les mauvais jours furent passés, il se forma, à Villejuif, une nouvelle institution, sous le titre d'association des anciens élèves de la communauté de Sainte-Barbe, par MM. Parmentier, Planche, Gondouin et autres. — Sous la Restauration, M. Gabriel-Henri Nicolle, l'un des anciens élèves de la primitive Sainte-Barbe, un des hommes de lettres distingués de son époque, aidé du concours actif et habile de son frère, le vénérable abbé Nicolle, qui arrivait d'Odessa, où, pendant l'émigration, il avait contribué à la fondation de l'Institut et du Lycée de cette ville, transporta à Paris, rue des Postes (actuellement rue Lhomond, 42,) la célèbre communauté dont il était le directeur, et qui était encore loin d'avoir recouvré l'éclat de son ancien nom.

En 1821, par ordonnance royale du 28 août, et en récompense des brillants succès qu'elle avait obtenus aux concours généraux, comme dépendance du collège Louis le Grand, l'association des anciens élèves de la communauté de Sainte-Barbe fut érigée en collège de plein exercice, avec le titre de *Collège de Sainte-Barbe*, et nous nous honorons d'y avoir fait nos études.

Parmi les nombreux élèves que ce collège a formés, nous citerons des hommes distingués dans toutes les carrières, tels que M. Duruy, l'ancien ministre de l'instruction publique sous le dernier empire et qui fut notre camarade de classe; M. Désiré Nisard, de l'Académie française, et son frère Auguste Nisard, doyen de la faculté des lettres de l'Université catholique, ancien inspecteur général de l'Académie de Paris; le général du Barrail, ancien ministre de la guerre; M. Beulé, ancien ministre de l'intérieur, dont tout le monde a encore présente à la mémoire la fin tragique; le comte de Montalembert, le grand orateur; le comte de Rayneval, ancien ambassadeur à Rome à Paris, où il se distingua dans ses études de latin et de mathématiques. Plus tard, il devint l'élève de Soufflot, le célèbre architecte du Panthéon.

Ce fut en faisant élever la petite église de Farremoutier, détruite depuis, pendant la Révolution,

et à Saint-Pétersbourg; M. Frémy, fondateur et gouverneur du *Crédit foncier de France*, et, comme M. Duruy, aussi notre camarade de classe; M. le baron de Soubeyran, député, gouverneur-adjoint du *Crédit foncier de France*, l'une des personnalités financières qui ont le plus captivé l'attention publique dans ces derniers temps, à l'occasion de l'enquête parlementaire sur les emprunts étrangers; M. Jules Nicolet, président de notre association amicale, un des triomphateurs d'autrefois, inscrit au *Livre d'or* des anciens lauréats du concours général, et qui a contribué jadis comme élève à la gloire du collège Sainte-Barbe, aujourd'hui Rollin. Notre digne et ancien camarade n'a pas borné là seulement ses éclatants succès de collège; aujourd'hui, consacré par une double élection, il brille comme bâtonnier au premier rang de l'ordre des avocats à la Cour d'appel de Paris.

Et parmi les publicistes: M. Xavier Raymond, du *Journal des Débats*, et M. Launoy que nous avons déjà cité dans notre notice, connu pour ses ouvrages et ses travaux dans le *Journal officiel*, et tant d'autres non moins célèbres dont nous ne pouvons épuiser la liste.

Après les événements de 1830, et pour récompenser M. Delanneau, alors chef de la pension Sainte-Barbe, en même temps que membre du conseil municipal, de la part qu'il avait prise au mouvement révolutionnaire de juillet, un arrêté du 6 octobre suivant changea le nom de Sainte-Barbe, qui faisait ombrage à la pension Delanneau, contre celui de collège municipal Rollin qu'il a toujours porté depuis et qu'il porte encore de nos jours, malgré la facilité avec laquelle tout change aujourd'hui, sous la direction de l'honorable M. Talbert, nommé dernièrement officier de la légion d'honneur.

Enfin, au mois d'octobre 1876, cet établissement universitaire a été transféré dans les nouveaux bâtiments de l'avenue Trudaine, construits par la ville de Paris, pour son installation qu'Étienne de Montgolfier fit la connaissance de Réveillon. C'est lui qui construisit la manufacture de ce dernier et qui sacrifia, comme nous l'avons déjà dit, les beaux jardins de l'hôtel Titon pour les faire servir aux premières expériences en ballon, et notamment à la célèbre ascension du 19 octobre 1783 par Pilâtre de Rozier et Giroud de Villette.

---

définitive, et par suite de la démission de M. Talbert, qui avait exprimé le désir de prendre sa retraite, ce collège a été inauguré par une nouvelle direction, à la rentrée des classes, le 3 octobre 1876. Son fondateur, M. Henri Nicolle, fut un des hommes les meilleurs et les plus bienveillants que nous ayons connus, aussi n'avait-il point d'ennemis. — Son frère, M. l'abbé Nicolle (Charles-Dominique), né à Pville en Normandie, en 1758, mort en 1825, officier de la légion d'honneur, chevalier de l'ordre de Sainte-Anne de 2e classe de Russie, dont la nomination fut accompagnée de l'envoi par l'empereur Alexandre Ier, de la croix de l'ordre en diamants, était docteur en théologie de la Faculté de Paris. Il fut nommé membre du conseil royal de l'instruction publique et recteur de l'Académie de Paris, sous le ministère du duc de Richelieu, jusqu'en 1824, puis aumonier du roi, par ordonnance du 3 août 1817, contre signé Richelieu. Monseigneur de Quélen le nomma vicaire général et chanoine honoraire de la Métropole de Paris en 1820. L'épiscopat, qu'il refusa, lui fut offert. Plus tard encore, M. l'abbé Nicolle fut chargé par le roi des études de Monseigneur le duc de Bordeaux, *de cette jeune fleur que Dieu avait fait surgir de la tige brisée* pour déjouer les desseins des misérables qui avaient armé dans l'ombre le bras de l'assassin du fils de France. Pareil honneur avait été déjà déféré à M. l'abbé Nicolle pour l'éducation de Mademoiselle de France, sœur du jeune prince ; mais en 1830 tous les projets d'avenir furent détruits. M. l'abbé Nicolle rendit de grands services à l'intruction publique, et acquit dans cette carrière honorable une grande célébrité.

N'oublions pas non plus d'accorder un juste tribut d'éloges à nos dignes et anciens directeurs, ainsi qu'à quelques-uns de

Quoique la découverte et l'invention des aéros tats ait toujours été considérée comme une chos commune aux deux frères, il est cependant acqui à l'histoire de l'aérostation que c'est en revenan de Montpellier, où il avait acheté et lu attentive ment l'ouvrage de Priestley (1), et en réfléchissan

nos anciens professeurs pour lesquels nous avons toujours cor servé un culte profondément religieux. — Citons parmi eu tout d'abord notre directeur de l'âme, M. l'abbé Faudet, che valier de la légion d'honneur, docteur en théologie de la Facul de Paris, le premier aumônier du collège de Sainte-Barbe, qu eut, après la mort de M. l'abbé Nicolle, l'administration sup rieure du collège, de 1829 à 1831. — Il fut ensuite successiv ment nommé curé de Belleville en 1832, curé de Saint-Etienn du-Mont en 1833, et plus tard curé de Saint-Roch en 1852; était le doyen des curés de Paris. — Il fut nommé chanoi de la Métropole de Paris, et, comme M. l'abbé Nicolle, M. l'ab Faudet refusa aussi l'épiscopat.

M. l'abbé Faudet nous a laissé un grand nombre d'écri religieux et d'œuvres oratoires d'un très haut mérite dont détail est reproduit dans le tome 86 de la collection intégra des orateurs sacrés.

Gardons-nous d'oublier davantage M. de Fauconpret, le dig successeur de M. Henri Nicolle, le fils et le collaborateur du c lèbre traducteur des romans de Walter-Scott; puis l'intèg M. Ballard de Lucy, l'homme de bien par excellence, préf général des études pendant la direction de M. de Fauconpre ainsi que M. Tournet, préfet, et M. Boutard, aussi ancien préf des études au même collège et aujourd'hui fonctionnaire en r traite de l'Université, l'excellent M. Boutard, et, comme not ancien camarade et confrère Me Nicolet l'a si bien dit à l'u des dernières assemblées générales annuelles de notre associ tion amicale (le 5 février 1879), nous allons le répéter avec lu « *Le père Boutard*, dont la nature vigoureuse nous rassure su » sa santé, ne sait plus lui-même aujourd'hui son âge, et sa jeu » nesse obstinée a depuis longtemps brûlé son acte de nai » sance. »

(1) Célèbre physicien anglais qui a traité des différentes espèc d'air.

profondément sur les diverses espèces d'air, tout en montant la côte de Serrières, qu'Étienne de Montgolfier fut frappé de la possibilité de rendre l'espace navigable, en s'emparant d'un gaz plus léger que l'air atmosphérique.

Il approfondit cette idée, en médite les moyens, les résultats, et s'écrie en rentrant chez lui : *Nous pouvons maintenant voguer dans l'air!*

Suivant une autre version, la priorité de cette invention appartiendrait à Joseph de Montgolfier, et voici le motif qui l'aurait conduit à la découverte des aérostats et l'occasion qui la fit naître.

C'était pendant l'hiver de 1782 à 1783, au moment où les armées de la France et de l'Espagne, combinées sous les ordres du duc de Crillon, et les forces navales sous le commandement de l'amiral Bonaventure Moreno, tentaient le mémorable siège de Gibraltar. Il se trouvait alors à Avignon, seul, au coin du feu, rêvant selon sa coutume; il considérait une sorte d'estampe représentant les travaux du siège, et s'impatientait de voir qu'on ne pouvait atteindre au corps de la place ni par terre ni par mer. « Mais, se demanda-t-il, ne pourrait-on » pas y arriver au travers des airs? La fumée s'élève dans la cheminée; pourquoi n'emmagasinerait-on pas cette fumée de manière à en composer une force disponible? »

Son esprit calcule à l'instant le poids d'une surface donnée de papier ou de taffetas, la dilatation de l'air et l'expansion du calorique, la pression de la colonne d'air libre correspondante. Il prie la personne chez laquelle il logeait de lui procurer quelques aunes de vieux taffetas, construit sans désemparer un petit ballon, et le voit s'élever au plancher à la grande surprise de son hôtesse, avec un joie singulière.

Il écrit sur le champ à son frère Étienne, qui était alors à Annonay (1) :

« Prépare promptement des provisions de taffe-
» tas, de cordages, et tu verras des choses les plus
» étonnantes du monde. »

Comme on le voit, par ces deux versions différentes, les écrivains sont tout à fait partagés sur la question de priorité ; c'est au lecteur à apprécier à laquelle des deux il doit accorder la préférence.

Quoiqu'il en soit, Joseph de Montgolfier laissa à son frère Étienne tout l'honneur de la découverte sans même penser faire un sacrifice, et il ne chercha à en tirer aucun avantage.

Nous devons donc, pour notre part, d'autant plus réclamer cette priorité dans l'intérêt de sa mémoire qu'il ne la réclama jamais pour lui-même.

Il en fut de même de la découverte et de l'invention du *parachute*, que généralement on attribue dans le monde, et à tort, au citoyen Garnerin, parce que le 1er brumaire an VI (12 octobre 1797), il osa, le premier, à une altitude de 350 toises (1,00 mètres), opérer sa descente dans le parc de Mous

(1) Cette lettre a été produite à l'Institut, à l'occasion de la nomination de Joseph, et existait encore en mai 1814.

seaux, en coupant la corde qui retenait son parachute et son char à l'aérostat.

Il paraît que Garnerin avait conçu le projet de cette expérience pendant les trois années qu'il passa, comme prisonnier d'état des Autrichiens, dans la forteresse de Bude, en Hongrie, de 1794 à 1797.

Mais la vérité est que *la première idée et le premier emploi* DU PARACHUTE sont également dus à Joseph de Montgolfier. La preuve résulte des expériences publiques faites à Avignon dès 1782 et 1783, bien avant celles qui eurent lieu à Paris Les premières expériences furent exécutées en présence du vice-légat et de concert avec M. de Brante : un mouton fut alors jeté du haut des tours du palais des Papes et reçu plusieurs fois par le peuple assemblé.

Il est constant d'ailleurs que les premiers globes qui furent lancés, en 1783, par les frères de Montgolfier en Vivarais, étaient déjà munis de ces appareils.

Cependant, suivant certains chroniqueurs, la première tentative de l'emploi des parachutes remonteraient à une vingtaine d'années auparavant. L'honneur de cette découverte appartiendrait à un jeune italien, Vincent Lavini, enfermé au fort Miolans, sur les bords de l'Isère, en Savoie, qui, condamné à une prison perpétuelle, aurait essayé de s'en échapper à l'aide d'une sorte de parachute, dans les circonstances que voici.

Ainsi on cite que, vers 1762, sous le règne de

Charles-Emmanuel, roi de Piémont, un tout jeune homme, Vincent Lavin (Lavini), excellent dessinateur, qui possédait en outre l'art d'exécuter dans la perfection *toutes* les écritures, étant employé au secrétariat des finances, fut entraîné par un adroit stratagème du comte de Stortiglioni, alors ministre des finances, qui lui fit croire que c'était par ordre du roi, à fabriquer de faux billets semblables à ceux que le Trésor Royal mettait en circulation. Plus tard, ce crime ayant été découvert, Lavin parvint à sortir du royaume et s'enfuit à Paris, où il errait depuis quelque temps, lorsqu'il fut arrêté, le 12 octobre 1762, en vertu de lettres d'extradition. Le comte de Stortiglioni et son complice Lavin furent mis en accusation, et les deux criminels furent jugés par arrêt du sénat de Turin, le 5 février 1765, et condamnés à être publiquement décapités.

Le lendemain, le roi ayant signé des lettres patentes de commutation de peine en une prison perpétuelle, Lavin fut enfermé au fort Miolans (1), situé

(1) Le fort Miolans est un ancien château-fort de la vallée et du duché de Savoie dont il ne reste plus aujourd'hui que des ruines et dont on ne retrouve plus qu'un squelette informe. — Il est situé auprès de Graisy, dans la commune de Saint-Pierre d'Albigny, au-dessus de l'Isère, sur le sommet d'un rocher escarpé, presque à pic, qui domine une grande partie du pays. Quoique flanqué de grosses tours antiques, ce ne fut jamais, dans les temps modernes, un poste militaire important, capable de faire aucune résistance. — C'était l'antique manoir des seigneurs de Miolans-Montmayor, l'une des plus anciennes familles de la Savoie. Cette famille s'étant éteinte en 1523, Charles III, duc de Savoie, acheta ce château des héritiers de la

au bord de l'Isère, dans un cachot humide, pour y subir sa peine. C'est là que, pendant sa captivité, le prisonnier aurait essayé de s'évader à l'aide d'une sorte de parachute, construit par lui ; mais cette tentative ayant échoué, il fut réintégré dans sa prison.

Le 9 juin 1786, après plus de vingt ans de détention, il quitta le château de Miolans, en vertu d'un ordre du roi, du 2 du même mois, qui, pour adoucir les souffrances de la longue captivité qu'il avait subie jusques-là, autorisait le transfert du prisonnier au château d'Ivrée, où il ne tarda pas à succomber.

En décembre 1783, le savant et célèbre professeur de technologie au Conservatoire des Arts et Métiers Sébastien Lenormant tenta par amour de la science une semblable expérience en se précipitant du haut de la tour de l'observatoire de Montpellier.

Enfin un misérable, Jean-Baptiste Drouet (1),

maison de Miolans, par contrat du 17 décembre 1523, et en fit un point stratégique pour défendre la vallée de l'Isère ; plus tard il servit de prison d'Etat. — Il a été tout à fait abandonné depuis la Révolution.

Le dernier mâle de la maison de Miolans étant mort en 1523, les biens de cette riche et puissante maison passèrent, par alliance des femmes, aux marquis de Carde, de Piémont, descendants des anciens souverains de Saluces (Saluzzo) qui régnèrent pendant quatre siècles (du XIIe au XVIe) sur cette province des états Sardes, dont Coni est aujourd'hui le chef-lieu.

(1) Le 21 juin 1791, lorsque Louis XVI fuyait avec sa famille et qu'il passait à Sainte-Menehould pour se rendre à Montmédy, il fut reconnu par Drouet, fils du maître de poste, à cause de sa ressemblance avec l'empreinte du portrait du roi qui se trouvait sur les assignats. Drouet prend aussitôt un

dont le nom est à jamais voué à l'exécration de la postérité, ayant été fait prisonnier par les Autrichiens pendant qu'il était commissaire à l'armée du Nord, en l'an II, fut enfermé dans la forteresse de Spielberg, en Moravie, d'où il tenta vainement sa délivrance au moyen d'un parachute qu'il avait improvisé à sa manière. Il se blessa en tombant et fut réintégré dans sa prison. Drouet ne recouvra sa liberté que plus tard, en 1795, par suite d'un échange de prisonniers dont il faisait partie contre la fille de Louis XVI, et entra ensuite au conseil des Cinq-Cents,

C'est encore Joseph de Montgolfier plutôt que son frère Étienne qui passe pour avoir été l'inventeur du bleu de Prusse qu'il fabriqua à Saint-Etienne.

route détournée pour arriver avant le roi à Varennes, et parvient à faire arrêter la famille royale, en mettant sur pied toutes les autorités de la ville et la garde nationale qui ramena le roi et la reine à Paris.

Le comte de Provence, plus tard Louis XVIII, plus heureux que son frère, parvient à gagner la frontière des Pays-Bas.

Drouet, appelé à la Convention, fut un de ceux qui votèrent la mort de Louis XVI sans appel ni sursis. Ce fut lui aussi qui, à la séance du 20 juillet 1793, proposa de condamner à mort tous les Anglais qui se trouvaient en France, et, le 5 septembre, de créer une armée révolutionnaire. — Dans un mouvement oratoire digne de tout le reste de son discours, ce monstre s'écria : « Oui, c'est le moment de *répandre le sang*; qu'avons- » nous besoin de notre réputation en Europe ? Soyons brigands » puisqu'il le faut pour le bonheur du peuple, soyons bri- » gands. » (*Tiré des documents manuscrits de la commune de Varennes*). Ces paroles effrayèrent l'Assemblée et excitèrent des murmures même parmi les plus violents démagogues.

Drouet naquit le 8 janvier 1763 et mourut à Macon, le 11 avril 1824, où il vivait sous un nom supposé.

en-Forez, quand il se livrait à toutes ses rêveries et qu'il tentait des expériences de son choix. Ajoutons pourtant, en narrateur fidèle, que certaines personnes attribuent la fabrication de la matière première qui fournit la couleur du bleu de Prusse à un nommé Julien Gohin, membre de la Légion d'honneur, alors savant chimiste à Paris. Ce dernier possédait une riche manufacture de couleurs à Paris, et avait ses ateliers petite rue Saint-Jean, aujourd'hui la rue du Château-d'Eau.

M. Gohin avait gagné une immense fortune et était propriétaire du coquet domaine de Beauséjour, vis à vis le château de la Muette, à Passy. Les anciens jardins de Tivoli, qui comprenaient toute la partie du terrain qui s'étend aujourd'hui entre les boulevards extérieurs, la rue Blanche, la rue de Clichy et la rue Moncey, lui appartenaient aussi.

Cette abnégation, de la part de Joseph de Montgolfier, de laisser à son frère tous les honneurs de la découverte des aérostats fut une des causes qui fit rejaillir sur Étienne la principale gloire de leur invention commune. Et ce fut à cette modestie et au désintéressement de son frère aîné qu'Étienne de Montgolfier dut de se trouver le premier en évidence, et par suite d'être présenté à la cour.

Il fut plus tard décoré de l'ordre de Saint-Michel de France. Cet ordre dit de *Fraternité* fut créé le 1er août 1469, par Louis XI, en l'honneur de saint Michel, premier chevalier de l'ordre (le prince de la chevalerie du paradis), « qui, pour la querelle de

» Dieu, batailla contre le dragon, ancien ennemi » de nature humaine, et trébucha du ciel ». — *Livre des ordres des chevaliers de l'ordre du très chrétien roi de France Louis XI à l'honneur de saint Michel*, publié par Guillaume Eultau, en 1512, en 40 feuilles in-8°.

Louis XI fut le grand maître de cet ordre qui fut destiné à remplacer l'ordre militaire de l'Étoile ou de la noble maison du roi Jean (1), tombé en mépris et en désuétude, et que ce monarque, à son avènement au trône, avait eu la prétention d'instituer pour rehausser l'ancienne chevalerie et récompenser ainsi les braves chevaliers qui luttaient avec lui contre la mauvaise fortune de la France. Il distribua cet ordre avec la plus grande solennité.

C'était le premier ordre de chevalerie créé par un roi de France et une imitation de l'ordre de la Jarretière, institué en Angleterre par Édouard III, en 1349. Les insignes étaient un collier et une étoile blanche sur fond émail rouge avec cette devise : *Monstrant regibus astraviam.*

Louis XI limita le nombre des chevaliers de Saint Michel à trente-six, et la première création

(1) Jean II Le Bon (dit le Brave), ancien duc de Normandie, né en 1319, succéda à son père, Philippe VI (1350-1364). — A l'exemple de Philippe le Bel, il altéra les monnaies et fit de cette ressource frauduleuse un abus si criant que les variations se succédèrent avec une rapidité qui tenait du délire. Ainsi dans une année on en compta jusqu'à seize à la suite desquelles le marc d'argent monta de quatre livres dix sols à dix-huit livres.

fut seulement de dix-huit chevaliers, gentilshommes sans reproches (1).

« Le grand collier de l'ordre est d'or, et pèse 200 » écus d'or; il est fait à coquilles lacées, l'une avec » l'autre, d'un double lacs, assises sur chaînettes » ou lames d'or, au milieu desquelles, sur un roch, » aura une image d'or de monseigneur Saint-Mi- » chel qui reviendra pendant sur la poitrine » (2).

» Ce collier doit être porté autour du cou et » à découvert. La croix est suspendue à un large » ruban noir que les chevaliers doivent porter en » écharpe de droite à gauche. »

Plus tard, Louis XIV fixa le nombre des chevaliers à 100.

A partir de 1820, l'ordre de Saint-Michel fut particulièrement destiné aux Français qui se distinguaient dans les lettres, les sciences et les arts par des découvertes, des ouvrages ou des entreprises utiles à l'État.

Depuis la fin de la Restauration, cet ordre est également tombé en désuétude, et, en 1830, il fut complètement supprimé.

La faveur dont Étienne de Montgolfier avait été l'objet de la part du roi ne pouvant se partager, il obtint pour son frère Joseph une pension de mille livres, et accepta pour son vieux père *des lettres de noblesse* qu'il avait refusées pour lui-même.

(1) C'est à Vincennes qu'a été signé l'édit portant création de l'ordre de Saint-Michel,

(2) Le même livre des Ordres.

Une note de Boissy-d'Anglas, des plus intéressantes et qu'il importe de rappeler ici à la mémoire des frères de Montgolfier, cite cette preuve de désintéressement de la part d'Étienne, comme elle justifie en même temps le mérite et la légitimité de la récompense accordée par le roi à Joseph de Montgolfier.

Cette note est un article tiré du LIVRE ROUGE du 10 mai 1790, concernant M. de Montgolfier, conseiller au parlement de Paris, dans lequel Boissy-d'Anglas, dans son rapport devant le comité des pensions, s'attache surtout à démontrer que la pension de mille livres accordée à Joseph de Montgolfier n'est que la trop juste récompense de ses nombreux et glorieux travaux.

Voici comment il s'exprime :

« Il faut que la nation sache que l'auteur de la
» plus brillante découverte dont elle puisse s'ho-
» norer n'a reçu d'elle AUCUNE RÉCOMPENSE, car on
» sent bien que je ne saurais attacher le moindre
» prix à des TITRES DE NOBLESSE et au CORDON DE
» SAINT-MICHEL, deux choses qui, même alors,
» n'ont été pour M. de Montgolfier que de BELLES
» FUTILITÉS. »

Ainsi donc Joseph de Montgolfier devint pensionnaire du roi et Pierre de Montgolfier père fut annobli par lettres patentes de 1783, et, conformément à l'arrêt du conseil du 9 mars 1706, les armoiries concédées à la famille furent réglées par arrêté du 7 janvier 1784 et inscrites au registre des annoblissements d'après la description et suivant le spécimen que nous en donnons ici et auquel nous avons ajouté le cordon et la croix de Saint-Michel.

Ces armoiries se composent de : « Un écu d'ar-
» gent à une montagne de sinople, mouvementée
» du côté droit, au pied de laquelle est une mer
» d'azur, aussi mouvementée de la pointe de l'écu,
» et en chef un globe aérostatique de gueules, ailé
» de même, ledit écu timbré d'un casque de profil,
» orné de ses lambrequins d'argent, d'azur, de
» gueules et de sinople. » Au bas de ces armoiries figure, avec le cordon et la croix de Saint-Michel, cette devise : *Sic itur ad astra.*

Mais ce n'était pas tout que ces hochets de la vanité qui, suivant l'expression de Boissy-d'Anglas, « n'ont été pour M. de Montgolfier que de » belles futilités ». Le roi ne borna pas là seulement l'effet de sa munificence : il voulut, autrement et plus dignement encore, perpétuer le souvenir de cette brillante découverte, et récompenser d'une manière exceptionnelle ces hommes de génie. En conséquence, il s'était alors proposé de faire élever, en mémoire éternelle à la gloire des Montgolfier, une fontaine monumentale en forme de pyramide dans la plaine du Petit-Gentilly, vis à vis le Moulin de Croullebarbe, sur la Butte-aux-Cailles (1), située entre le Moulin des Merveilles et le Moulin-Vieux, à l'endroit même où s'était effectuée la descente de l'ascension de la Muette, et sur laquelle Sa Majesté avait ordonné qu'on gravât cette inscription :

« Le Roi, voulant éterniser
» la plus sublime expérience qui ait jamais été tentée,
» a fait élever ce monument
» à la gloire des illustres physiciens
» qui en sont les auteurs. »

Tel fût le couronnement des honneurs qui devaient être conférés à la gloire de l'illustre famille de Montgolfier.

Divers projets de ce monument avaient été alors présentés au roi; on en retrouve plusieurs indications dans *l'Histoire des ballons*, à la Bibliothèque nationale : celui de la pyramide monumentale, por-

(1) Dépendait alors du territoire de la commune du Petit-Gentilly. et fait aujourd'hui partie du 13e arrondissement de Paris. Elle est bordée par la rue du Moulin des Prés et le boulevard d'Italie, vers l'ancienne barrière de Fontainebleau.

tant l'inscription qui précède à la page 7; une autre représentant la descente à la Butte-aux-Cailles, où figure cette dite pyramide sur le lieu même de la descente, à la page 59; et un troisième dans un médaillon, à la page 78 du même ouvrage.

Tout porte donc à croire que ces divers projets sont restés à l'état de lettre morte, ou que ces monuments ont disparu par l'effet du temps ou même des révolutions, car on n'en retrouve trace nulle part, excepté sur la place publique d'Annonay où les frères de Montgolfier ont un monument.

C'est une pyramide élevée à leur mémoire, seulement en 1819, sur l'emplacement même où le premier ballon perdu a été lancé. Cette pyramide est en pierre de Crussol, de dix mètres d'élévation, sur laquelle existe une inscription ainsi conçue :

« Aux deux frères
» Joseph et Étienne de Montgolfier,
« par leurs concitoyens. »

Et sur le soubassement cette autre inscription :

« Ici, la première expérience aérostatique
» a été faite, le 5 juin 1783. »

Ajoutons, pour compléter ce renseignement, que cette expérience avait eu lieu dans la première cour du couvent des cordeliers à Annonay, en présence dés États du Vivarais.

En terminant, qu'il nous soit permis d'exprimer ici un regret : c'est que, pour compléter l'œuvre de la pensée royale, et sans nuire à la splendeur ni à la destination du monument élevé en l'honneur des

Montgolfier, on n'ait pas eu celle de graver sur une des trois autres faces de cette pyramide le quatrain suivant, inscrit au bas du frontispice de l'*Histoire des ballons*, lequel représente L'IMMORTALITÉ sous les traits d'une femme ailée, écrivant sur un parchemin déployé le nom des Montgolfier et l'histoire de leur découverte. Voïci ce quatrain :

« Montgolfier vole au rang des Dieux,
» Fier d'un nom si glorieux,
» Et l'immortalité ravie,
» L'inscrit aux fastes du génie. »

Enfin, deux fois pendant la Terreur, Etienne de Montgolfier ne fut sauvé, à Annonay, d'une arrestation, qui équivalait alors à un arrêt de mort, que par l'affection et le dévouement de ses nombreux ouvriers dont il avait été le bienfaiteur.

Atteint d'une maladie sur laquelle il ne se faisait pas d'illusions, il partit *seul* pour Annonay, afin d'épargner à sa femme et à ses enfants le spectacle de sa mort, et mourut en chemin, à Serrières, le 2 avril 1799.

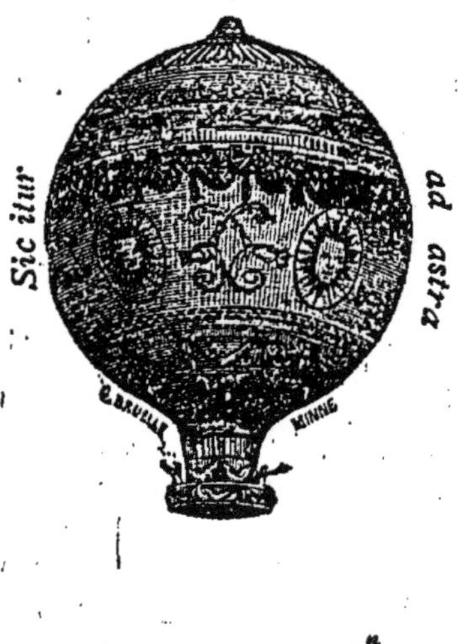

VII

BIOGRAPHIE. (1) — Aaron. — Abraham. — Albémarle. — Alexandre 1er. — La Maison d'Ancieville. — Le duc d'Angoulême. — La duchesse d'Angoulême. — Les Antonins, — Apollodore. — Bailly. — Blanchard. — Catulle. — Cicéron. — Clio. — Clémentius. — Christophe-Colomb. — Le prêtre Constance. — Le comte de Dampierre. — De Sèze. — Edouard III. — L'abbé de l'Épée. — Paul Ferry. — Fouquet. — Gaillard. — Gallet. — Sainte-Geneviève. — Madame Giroud de Villette. — Gœthe. — Gratien. — Guillotin. — Hérode. Horace. — Le comte de Horn. — Hue de Miroménil. Jean le Bon, — Jourdan. — Juvénal. — Le comte de Laporte d'Anglefort. — Lavoisier. — Le Bœuf — Le connétable Lesdiguières. — Lesueur. — de Leuven. — Louis XI. — Louis XIV. — Louis XVI. — Malborough. — Mansart. — Marmontel. — Mirabeau. — Mayrargues. — Melchisédech. Ménage. — Michelet. — Adélaïde de Montgolfier. — Montaigne. — Saint Pallade. — Saint Pellerin. — Sainte Phare. — Pilâtre de Rozier. — Pline l'Ancien. — Polybe. — Ptolémée. — Régnier. — Le Baron James de Rothschild (le Bibliophile). — Rouvet. — Le marquis de Sade. — Soufflot. — Strabon. — Stéphanus de Bysance — Sully. — Tacite — Tallemant des Réaux. — Target. — Tite-Live. — Usher. — — Le maréchal de Villars. — Walter-Scott. — Yves et Barret.

A

AARON. — Premier grand prêtre des Juifs, né en Egypte vers 1754, selon Usher, et en 1758 avant J.-C., selon l'*Art de vérifier les dates*; mort à

(1) Ce chapitre est consacré à la biographie de ce livre, c'est-à-dire au complément et au commentaire des noms, — historiens, savants, poètes, philosophes, princes, soldats, évêques, patriarches mêmes, — que nous avons cités, attestés, appelés à déposer de la conscience et de la sincérité de ce travail.

123 ans, en 1605, au sommet de la montagne de Hor, sur les confins de l'Idumée occidentale, en Arabie-Pétrée. — Il inventa la fonte des métaux, et il eût la faiblesse, pendant que Dieu révélait et donnait à son peuple les tables de la Loi Mosaïque (1), de faire ériger le Veau d'or, qu'il forma avec les pendants d'oreilles que lui apportèrent les femmes, les enfants et les filles des Israélites.

ABRAHAM ou Abram (père élevé). — Né à Ur, ville de Chaldée, 2,366 avant J.-C., mort à 174 ans. — Il est le dixième patriarche, depuis Noé, que Dieu retira de la société des peuples de Babylone pour les conduire dans le pays de Chanaan, après la mort de son père Tharé. — C'est cette époque mémorable que l'on a désignée par le nom de *vocation d'Abraham*, du mot latin *vocare*, appeler.

ALBEMARLE (Général comte d'). — Fils unique de Monk, qui fut fait duc d'Albémarle pour avoir contribué au rétablissement de la monarchie anglaise, en proclamant Charles II souverain légitime à Londres, le 8 mai 1666. — Lord Albémarle n'est connu et n'a d'autre célébrité que pour avoir été une des causes principales de la défaite des alliés à Denain, et d'y avoir été battu et fait

(1) Celle que Dieu révéla à Moïse, sur le mont Sinaï, le 16 mai 1645, avant J C., monument incomparable et qui renferme en dix articles toute la morale divine et humaine. — Ce sont les dix commandements que nous récitons tous les jours dans nos prières et que l'écriture sainte appelle les dix paroles de l'Alliance.

prisonnier par le maréchal de Villars, qui sauva la France par cette victoire, le 19 juillet 1702

ANGOULÊME (S. A. Royale Monseigneur Louis-Antoine de Bourbon, duc d'). — Fils de France, né à Versailles, le 6 août 1775, fils aîné du comte d'Artois (Charles X), qui prit le titre de Dauphin, le 16 avril 1824, à l'avènement de son père au trône de France. Il épousa sa cousine, Madame Marie-Thérèse-Charlotte de France, fille de Louis XVI et de Marie-Antoinette. — Le 2 août 1830, après l'abdication de Charles X, il abdiqua lui-même en faveur du duc de Bordeaux (Henry V), et se retira avec la duchesse sa femme, sous le nom de comte et de comtesse de Marnes. — Il mourut le 3 juillet 1844.

ANGOULÊME (S. A. Royale madame Marie-Thérèse-Charlotte de France, duchesse d'). — Fille de Louis XVI, née à Versailles, le 19 décembre 1778, de Louis XVI et de Marie-Antoinette, reçut en naissant le titre de *Madame Royale*, et épousa son cousin, fils du roi Charles X. — Après son veuvage, en 1844, elle conserva le titre de comtesse de Marnes. Elle mourut à Frohsdorfs (Autriche), le 19 octobre 1851, ayant auprès d'elle son neveu, S. A. R. le comte de Chambord, et sa nièce la duchesse de Parme.

ANTONINS (Les). — La période des Antonins commence à l'an 96 de notre ère, au règne de Nerva et se continue sous les empereurs Trajan et Adrien jusqu'à la mort d'Antonin le Pieux. — Avec Nerva commence une période de 80 ans qu'on a appelée « le temps le plus heureux de l'humanité » ; c'est la période des Antonins. Elle se termine à la fin du règne d'Antonin, successeur d'Adrien. Nerva mourut le 27 janvier 98 après J.-C.

Antonin était originaire de Nîmes, et avait été adopté par Adrien. Sous son règne de 23 ans (138 à 161), l'empire jouit d'une paix profonde, due autant à ses vertus qu'à sa modération. Ses contemporains reconnaissants lui donnèrent le beau surnom de « Père du genre humain. »

Sous cet empereur, le philosophe Justin suivit l'exemple d'Aristide et lui présenta, ainsi qu'à son fils, un livre (*l'Apologie du christianisme*) qu'il avait composé contre les Gentils, où il défend hautement l'ignominie de la croix, et confesse avec une liberté vraiment chrétienne la résurrection de Jésus-Christ, ce qui valut aux chrétiens, déjà nombreux à Rome et dans les provinces, tolérance et protection. Lorsqu'Antonin se sentit mourir, il fit porter la statue de la Victoire dans l'appartement de son fils adoptif....

APOLLODORE. — Célèbre grammairien athénien, qui vivait dans la 158e olympiade (environ 150 ans avant J.-C.) ; il est l'auteur de l'*Histoire des Dieux et des Héros*.

AUGUSTIN (*Aurélius-Augustinus*). — Surnommé le Docteur de la grâce, à cause de son Traité sur la grâce et le libre arbitre, il est le plus grand Père de l'église latine. — Né en 354, à Tagaste, en Numidie, d'un père païen et d'une mère chrétienne, sainte Monique, il se fit baptiser à 33 ans, fut ordonné prêtre en 391 et devint évêque d'Hippone (Bône) en 395. — Cet évêque combattit par ses discours et ses écrits les Donatistes (1), les Manichéens (2) et les Pélagiens (3). — Il mourut à Hippone en 430. — Parmi ses ouvrages, mentionnons la *Cité de Dieu* et ses *Confessions*, où il fait l'histoire de ses erreurs et de sa conversion miraculeuse.

B

BACHELIER (Jean-Jacques). — Né en 1724, mort en 1805 ; fut reçu à l'Académie des Beaux-Arts en 1752, et nommé directeur de la Manufacture de Sèvres.

BAILLY (Jean-Sylvain), membre des trois académies, premier président des Etats généraux de 1789, et premier maire de Paris, où il est né le 15 septembre 1736. Il était fils d'un peintre de peu de talent que Louis XV avait fait un des conservateurs de sa galerie de Versailles. Sylvain Bailly était destiné lui-même à la peinture. Il a laissé, dit-on,

(1) Hérétiques, sectaire de Donat.

(2) Hérétiques, sectaires de Manès, qui admettaient un bon et un mauvais principe.

(3) Partisans de l'hérésiarque Pélage (Voir page 149).

des tragédies inédites. S'étant attaché à l'illustre abbé de Lacaille, l'élève fut un jour au rang de son maître. Il publia la fameuse *Histoire de l'Astronomie*, d'autres ont dit le *Roman*.... Ce fut Bailly qui présida la fameuse réunion du Jeu de Paume et par qui s'accomplit ce que l'on appela le massacre du Champ-de-Mars. On sait comment il l'expia. Traduit, le 10 novembre 1793, au tribunal révolutionnaire, condamné le 11 et exécuté le 12, il gravit ce calvaire au milieu d'effroyables stations. L'arrêt ordonnait que l'exécution aurait lieu dans le Champ-de-Mars. On démonta l'échafaud de la place de la Révolution et on le remonta sous les yeux du malheureux dont le corps frissonnait sous une pluie glaciale. — « Tu trembles ! » lui cria un de ses bourreaux. — « Oui, de froid ! » répliqua-t-il avec fermeté. L'échafaud dressé, on brûla devant le visage de Bailly le drapeau rouge qu'il avait déployé en faisant les sommations du 17 juillet 1791. Il s'évanouit... et l'on prolongea son agonie... On ne voulut pas que ce champ sacré de la Fédération fût souillé par un « sang impur. » On démonta une seconde fois l'échafaud, et on le transporta sur un fumier, dans un chemin latéral. Enfin Bailly y monta... en se rappelant le Jeu-de-Paume... !

BEAUMARCHAIS (Pierre-Augustin CARON de). — Né à Paris, le 24 janvier 1732. C'était le fils d'un horloger de la rue Saint-Denis. Jamais existence humaine ne fut plus remplie. — « Ma vie est un combat! » a-t-il dit de lui-même. Il prit la société du dix-huitième siècle corps à corps dans la fameuse comédie du *Mariage de Figaro*. La censure essayait de s'opposer à sa représentation. « Si vous ne voulez pas, s'écria-t-il, que ma pièce soit représentée au théâtre, elle le sera à Notre-Dame ! » Cette prophétie fatidique a été sur le point de s'accomplir.

Beaumarchais a été secondairement et misérablement mêlé aux évènements révolutionnaires. Il parvint heureusement à s'éloigner de la France, sans tomber toutefois sous les lois de confiscation qui frappaient les biens des émigrés. Ce grand agitateur eut une mort foudroyante et douce : il fut trouvé mort dans son lit, le 18 mai 1799.

BLANCHARD. — Célèbre aéronaute qui opéra soixante ascensions, et s'illustra par la traversée de la Manche. Il était né aux Andelys en 1753 ; il mourut à Paris en 1809.

Sa femme, aussi intrépide que lui, périt en 1815, à sa soixante neuvième ascension, par l'incendie de son ballon, au jardin de l'ancien Tivoli de Paris.

BOILEAU-DESPRÉAUX. — Poëte, l'ennemi intraitable des mauvais écrivains. Né le 1er novembre 1636, mort le 13 mars 1711.

C

CATULLE (Valérius). — Né à Vérone, an 665 de la fondation de Rome (87 avant J. C.) Est le premier des poètes latins dans le genre érotique et badin ; on croit qu'il mourut à 35 ans.

CHÉNIER (Marie Joseph de). — Ecrivain célèbre, né à Constantinople le 28 août 1764, où son père était consul général. Il joua dans la révolution de 1789 un rôle funeste avec sa tragédie de *Charles IX*, qui suscita de longs troubles, et excita le peuple à la haine du roi. — Elu trois ans plus tard à la Convention nationale, il y vota la mort du monarque qu'il avait adulé naguère et dont il n'avait reçu que des bienfaits. — Son frère André Chénier, dont il s'était déclaré publiquement l'adversaire, et qui avait apporté son concours à la défense du malheureux roi, périt sur l'échafaud le 7 thermidor an II. On a redemandé au nouveau Caïn le sang de cet autre Abel. Le fratricide a nié. Mais, en l'innocentant, comment expliquer sa tragédie de *Timoléon*, apologie effroyable du fraticide, qu'il écrivit et qu'il voulut faire représenter pendant que son frère attendait son jugument ? — L'auteur de *Charles IX* fut de l'Institut et du Tribunat ; mais il ne put s'entendre avec Bonaparte, et s'éteignit le 10 janvier 1811, à peine âgé de 46 ans.

CICÉRON. — Le plus célèbre des orateurs romains, dont le nom rappelle le plus grand crime d'Octave. — Né à Arpinum, 106 ans avant J. C., est mort assassiné à 63 ans, le 7 décembre, 43 avant J. C.

CLIO (en grec Κλεος, gloire). — Fille de Mnémosine et de Jupiter, une des neuf muses, celle qui présidait à l'histoire. Elle osa un jour faire des remontrances à Vénus sur son intrigue avec Adonis. La déesse punit cette hardiesse en lui inspirant les faiblesses de l'amour, et la muse devint mère (1).

Apollodore, dans son *Histoire des Dieux et des Héros*, nous apprend que cette muse eut avec Pierus un fils nommé Hyacinthe dont Thamyris devint amoureux. Ce Thamyris fut le premier qui se livra à l'amour des garçons. Apollon fut ensuite l'amant d'Hyacinthe, et le tua involontairement en jouant un jour au palet avec lui (2). Zéphir avait, dit-on, dirigé le coup fatal. Apollon fit revivre son favori dans la fleur qui porte son nom (la jacinthe) Apollodore est le seul qui dise qu'Hyacinthe était fils de Pierus et de Clio. Suidas dit que ce ne fut pas d'Hyacinthe, mais d'Hyménée, fils de Magnès et de Calliope, que Thamyris devint amoureux. Il faut, en effet, lire dans le texte de Suidas Υμεναίου, au lieu de Υμναιου. Il faudrait donc lire dans le texte Υμεναιον, au lieu de Υάκινθον, et retrancher tout le passage Ἀλλ' etc., etc. de la note qui précède; car le nom de Υάκινθον était une faute.

COLOMB (Christophe). — Célèbre navigateur génois, qui découvrit le Nouveau-Monde, appelé aujourd'hui l'Amérique. — Le vendredi 30 août

(1) Horace, ode 12, liv. 1.

(2) Θάμυρις πρῶτος άρξάμένος ερᾶν αρρενῶν. Αλλ 'ΥΑΚΙΝΘΟΝ μεν υστερον Απόλλων ερωμένόν οντα, δισχω' βαλλών, ἄκων ἀπεκτεινε. (APOLLODORE, Livre 1er, chap. 3.)

1492, il mit à la voile, et dans la nuit du 11 au 12 octobre, après une navigation de soixante dix jours, il fit la découverte du Nouveau-Monde, quatorze siècles après que Ptolémée eut prouvé la sphéricité de la terre, d'après laquelle Colomb conclut à l'existence d'autres régions à l'Occident (1).

La postérité, aussi ingrate que Ferdinand, a laissé à Améric-Vespuce le droit de donner son nom au Nouveau-Monde, et une petite partie seulement de l'Amérique méridionale s'appelle la Colombie, du nom de Christophe-Colomb.

CONSTANCE (Le Prêtre). — Vivait à la fin du 5e siècle. — Il a écrit la vie de Saint-Germain d'Auxerre.

D

DAMPIERRE (Auguste-Henri-Marie-Picot, comte de). — Né à Paris, le 19 août 1756, dans une famille déjà distinguée par ses services militaires. Passionné pour la gloire des armes dès sa plus tendre enfance, son imagination s'enflamma au récit des moindres exploits. — Il était officier au régiment des gardes françaises en 1783. Le désir de courir des hasards de toute espèce le porta à s'élever dans les airs, avec le duc d'Orléans, sur l'un des premiers ballons que Montgolfier construisit à Paris ;

(1) Vie de Christophe Colomb, par son fils.

puis il partit pour Lyon, où il s'éleva en ballon aux applaudissements d'une foule immense.

Il embrassa le parti de la Révolution, et, en 1791, il devint aide de camp du maréchal de Rochambeau, et peu de temps après colonel du 3e régiment de dragons.

Envoyé ensuite en Champagne au secours de Dumouriez, avec son régiment de 4,000 hommes d'infanterie, il fut chargé dès lors du commandement de la division, et, lors de la retraite de Dumouriez, le commandement en chef de l'armée pesa tout entier sur lui. Il fut tué d'un coup de canon dans le bois de Vicoigne, le 8 mai 1793. Cette mort glorieuse n'a fait que le soustraire au supplice que lui préparaient les bourreaux de Custines, de Houchard et du maréchal de Luckner.

DE SÈZE (Romain ou Raymond). — Avocat célèbre, à jamais illustre par sa défense du malheureux Louis XVI. De Sèze, né à Bordeaux en 1748, est mort à Paris en 1828, âgé de 80 ans.

E

ÉDOUARD III, roi d'Angleterre. — Né à Windsor, en 1312, fils d'Isabelle de France et d'Edouard II. Régna de 1327 à 1377. Il établit le service des postes en Angleterre, et créa l'ordre de la Jarretière, en 1346, selon les uns, et en 1349, selon les autres...

ÉPÉE (Charles-Michel, abbé de l'). — Fondateur

des sourds-muets à Paris, né à Versailles, en 1712, mort en 1789. — On lui a élevé un monument dans l'église Saint-Roch et une statue à Versailles.

F

FERRY (Paul).—Critique dramatique et historien, né à Nancy, le 14 juin 1830. — Il débuta dans la politique et les lettres en *célébrant* la révolution de 1848, dans la quelle il vit, pour les peuples et pour les cœurs, un embrassement universel. Son nom apparaît, pour la première fois, dans l'*Impartial de l'Est*, au bas d'un ïambe, trois jours seulement après le 24 février. Il poursuivit et se fit le poète et l'historien des évènements de cette étonnante année qui commence à Lamartine et finit au prince Napoléon. *Le Christ et la Liberté*, *la Pologne*, *l'Italie*, *les Rois*, *l'Avenir*, *les Paysans*, *la Popularité* (1), *le Jour des Morts*, *Robert Blum*, *l'Alsace*, *Au futur Président de la République*, *Tous les tyrans ne sont pas couronnés*, *les Ames en peine*

(1) Adressée à Lamartine, au chantre des *Harmonies poétiques*, de la *Chute d'un ange*, à l'auteur des *Girondins*, au héros de l'Hôtel-de-Ville, si vite éclipsé....

Si l'Europe, en ces jours ou bouillait son cratère,
Sur les débris fumants du sceptre héréditaire
Des rois eût relevé l'autel,
Si le peuple eût tressé les nœuds d'une couronne,
C'est toi qu'il eût placé sur le glorieux trône
De son empire universel.

coururent bientôt le monde et firent au jeune poète une véritable popularité. — Recueillies, l'année suivante (1), ces inspirations primesautières étaient jugées ainsi par l'homme en qui le génie national était alors incarné : « Un vieux patriote comme » moi ne peut qu'applaudir à des chants ins- » pirés par le patriotisme le plus vrai, surtout » aujourd'hui que ce noble sentiment paraît » éteint dans tous les cœurs, et que l'on peut dire » que là est la pierre d'achoppement de notre Ré- » publique. Ces vers, écrits avec soin, heureuse- » ment inspirés, ne célébrant pas moins la liberté » que la gloire, sont dignes de réveiller l'amour de » la patrie dans le cœur de tous les Français (2). » Il y a beaucoup à méditer encore à cette heure, en lisant ces lignes, qui sont un des rares temoignages de Béranger en faveur du gouvernement républicain.

Proscrit après le coup d'état de décembre 1851, pour un poème ïambique dont il avait salué, quelques mois auparavant, le passage de César, l'auteur d'*Histoire et Politique* protesta énergiquement du sein de l'exil. — « Vous avez envahi, violé le toit » de ma famille, écrivit-il, et devant vous j'ai dû » fuir ; mais je n'ai abdiqué aucun de mes droits ni » de mes devoirs de citoyen francais. Mon exil » cessera à l'heure où la France aura fondé ses fu-

(1) *Correspondance de Béranger*, tome IV, page 361 (21 octobre 1849).

(2) *Histoire et politique*, par PAUL FERRY, un vol. in-12, Paris, 1849 (Hippolyte Souverain).

» tures destinées, à l'heure où le scrutin aura parlé.
» Alors, en face d'un gouvernement qui, après avoir
» conquis le fait, sera consacré par le droit, je vien-
» drai remettre mon sort entre vos mains, et de-
» mander à mes juges si l'on crié sur nous le *Vœ*
» *victis* des anciens (1). » Puis il protesta ainsi contre le triomphe impérial :

Je n'irai point grossir les pompes de tes fêtes ;
Assez d'autres sans moi te cacheront l'écueil.
Pleurant la liberté, fidèle à ses défaites,
Mes fleurs et mon encens seront pour son cercueil...

. . . .

Mais, semblable en ces jours à l'esclave de Rome,
Quand vers le Capitole on traînera ton char,
Demain comme aujourd'hui, je te crirai : « César !
« Souviens-toi que tu n'es qu'un homme. »

De 1848 à 1851 l'auteur d'*Histoire et Politique* et d'*Ave César* avait pris une part importante à la rédaction de l'*Impartial de l'Est*, du *Patriote de la Meurthe*, de l'*Indicateur général*, de la *Lorraine artistique* et des *Récréations littéraires*, où il a publié la *Légende de Jeanne d'Arc*, la *Lorraine à vol d'oiseau* et de nombreux fragments de ses *Lotharingiennes*, notamment *Mathieu de Dombasle*, lors de l'érection de la statue du grand agronome lorrain, ainsi qu'il fit plus tard avec son *Antoine Drouot*, le jour de l'érection de la statue de l'illustre et vertueux général qui l'avait honoré de sa protection, de ses conseils et de son amitié. Rentré en France et rendu à la liberté, après avoir été prisonnier sur

(1) Bruxelles, 13 décembre 1851.

parole, et s'être refusé à prêter serment à l'Empire (1), et à toute compromission, le jeune écrivain se réfugia dans la critique littéraire; on a lu son nom au *Panthéon populaire* de 1856, aux *Coulisses* de 1857, au *Corsaire* de 1858, à la *Revue Française* de 1861, au *Turf* de 1862. De 1859 à 1862, il fut appelé à la rédaction en chef du *Messager des théâtres et des arts*, où sa collaboration fut, pendant quatre années, aussi active que féconde. Les cinq grandes associations artistiques fondées par le baron Taylor lui votèrent alors de véritables *adresses*, et le Comité des artistes dramatiques le somma publiquement d'avoir à continuer son œuvre (2), lorsqu'à la fin de 1862, il pensa pouvoir se dérober à ce labeur qui l'enlevait à tous ses autres travaux.

C'est à la suite de cette manifestation, si honorable et sans précédent, que celui qui avait élevé si haut le *Messager de théâtres* fonda la *Comédie*, importante revue critique, la seule qui peut vivre à côté du *Figaro*, et dont il a gardé pendant onze ans l'active et absorbante direction. C'est là qu'il fit, pendant l'année 1863, une campagne demeurée célèbre contre la liberté des théâtres, proclamée par celui qui était devenu Napoléon III, en janvier 1864 (3). Le rédacteur en chef de la *Comédie* avait

(1) Ce serment fut exigé de tous les proscrits qui demandèrent à rentrer en France, et M. Paul Ferry est peut-être le seul qui en fut alors excepté.

(2) *Revue et Gazette des Théâtres*, 23 novembre 1862.

(3) Dans la *Comédie*, ainsi que dans le *Messager des théâtres*, M. Paul Ferry combattit les excès de pouvoir dont

été seul à en signaler le néant et les périls. Il eut à subir, à cette occasion, de nombreux procès devant les cours de Lyon, de Rouen et de Paris, devant lesquelles il se défendit lui-même avec une rare énergie, et où l'on peut dire qu'il a sauvé le droit de critique : « Attendu que la critique est libre, » disait notamment l'arrêt de Lyon, qui se montra le plus dur, « et que les tribunaux n'ont pas pour mission de rechercher le plus ou moins de vérité de ses assertions...» Qu'importait, après cela, 25 ou bien 1,000 francs d'amende ! Alors les tribunaux n'avaient à se prononcer sur aucun procès politique, et la presse, était placée sous le régime arbitraire et censorial des avertissements.

L'auteur d'*Histoire et Politique*, dans la *Comédie* et dans le *Messager des théâtres*, a publié le prologue d'un drame lyrique intitulé : *Jeanne d'Arc*, et de nombreuses scènes d'un drame en vers consacré à la lutte de Charles de Bourgogne et de Louis XI. *Le Dictionnaire Général des Théâtres* mentionne cet ouvrage sous le titre de *Charles le Téméraire*, et comme étant écrit en prose, ce qui est manifestement une erreur. Ce drame, en 5 actes et 7 tableaux, est en vers, et son véritable titre est *Lorraine*. — Les journaux de 1861 ont aussi parlé d'une autre pièce — *Le Mal de*

madame Giroud de Villette a été longtemps victime. Une telle lutte alors, on peut le croire, était loin d'être sans péril.

Paris, — et même publié ces vers qui en sont le commentaire et la définition :

Ce mal qui te possède est une nostalgie;
J'en fus atteint moi-même avec trop d'énergie
Pour ne pas m'opposer à sa contagion :
C'est le Mal de Paris, funeste attraction,
Qui dépeuple nos champs et rouille les charrues
Pour grossir la poussière et le limon des rues,
Mal terrible, anxieux, brûlant comme un cancer,
Importé, suscité par les chemins de fer.
Que crie au paysan le convoi quand il passe ?
PARIS ! son œil alors, poursuivant dans l'espace
Ce démon ambulant qui vole vers Paris,
Ne voit plus qu'à ses pieds les sillons sont fleuris.
Il oublie, ô printemps ! ta promesse féconde.
Et lui, le nourricier de Paris et du monde,
Abdiquant son grand rôle avec sa dignité,
Il va payer tribut à l'immense cité.
Et loin de lui la ronce envahira la plaine,
L'épi sera chétif à la moisson prochaine ;
Un labeur honorable ici chargeait son bras,
Sa vie est inutile ou coupable là-bas.
Mais le Mal de Paris corrodait ses artères,
Et sa fièvre l'arrache aux champs héréditaires.
Cette émigration des hameaux aux cités
Est grosse de périls et de calamités ;
La terre s'appauvrit, le sol est sans culture,
Les bras à l'estomac refusent la pâture,
L'avalanche sur nous roule du haut des monts,
Le malaise est dans l'air qu'aspirent nos poumons,
Et, quand partout le vide est fait dans les chaumières,
Paris, Paris sans cesse élargit ses barrières (1).

La Revue Municipale, de Louis Lazare, s'émut de cette devination véhémente, et la signala : « Les

(1) Ouvrages plus récents, et inédits, du même auteur : *Le Pain quotidien*, pièce en 4 actes, en prose ; *Le dernier Mérovingien*, drame lyrique, en 5 actes et 6 tableaux; *Les Templiers*, drame lyrique en 4 actes; *Le Petit-Fils du Misanthrope*, co-

» poètes, ces missionnaires de Dieu, entrevoient, » dit-elle (1), de grandes calamités, punition immanquable des défaillances de nos administrateurs modernes, en présence de cet enfantement » monstrueux d'une immense cité ouvrière qui doit » annuler un jour la ville du luxe, des plaisirs, la » reine des beaux-arts. Un de nos écrivains les plus » distingués, M. Paul Ferry, constate de tristes » vérités... On sait où cela doit nous conduire. »

Le jour vint où il fallut défendre ce Paris dont les étrangers jaloux n'avaient que trop appris le chemin... Il fallut l'arracher ensuite à ceux qui, longtemps avant les armées allemandes, l'avaient envahi. L'auteur du *Mal de Paris* fit hautement son devoir. Voici, extrait du journal *Le Hâvre*, du 26 mars 1871, un document peut-être unique de ces jours néfastes :

« MONSIEUR LE MAIRE,

» Capitaine-commandant au 109e bataillon de la garde » nationale de Paris après le 4 Septembre et pendant toute la » durée du siége, j'ai cru pouvoir donner ma démission le lendemain de l'acceptation des préliminaires de paix et de l'évacuation allemande. Momentanément au Havre avec ma » famille, je vous demande la faveur d'inscrire mon nom » parmi les volontaires de l'Ouest, dont le concours est réclamé » par les représentants de la souveraineté nationale. Avis de » ma détermination est donné à l'amiral Saisset, commandant » supérieur de la garde nationale de Paris. — Agréez, etc.

» PAUL FERRY. »

Cet exemple fut trop peu suivi. — Blessé griè-

médie en 3 actes; *Les Faubourgs de Paris*, drame populaire, et *Le dernier Amour de Don Juan*.

(1) N° du 1er août 1861.

vement au poignet droit, qu'il eut fracturé, dans les premiers jours d'avril, l'écrivain désarmé prit une autre initiative. Dès le mois de mai suivant, il ouvrait et dirigeait le Grand-Théâtre du Hâvre, le premier qui fut rouvert en France, pour protester contre notre écroulement. En janvier 1872, il prenait également l'initiative des représentations qui furent bientôt données pour la libération de la patrie. Il dirigea aussi le Grand-Théâtre de Nantes, et fit un voyage en Afrique, où il rédigea d'une façon peu commune le journal l'*Ahkbar*. Sa galerie des *Hommes de l'Algérie* laissera en Afrique de longs souvenirs.

Le *Messager des théatres* et la *Comédie* ont publié des fragments d'un grand travail consacré par cet écrivain au *Théatre révolutionnaire*. Mais le cadre s'est élargi devant les études qu'il n'a pas cessé un moment de faire depuis vingt ans. Le *Théâtre et la Révolution*, que ce laborieux auteur achève, est une étude historique immense, appelée à jeter un jour éclatant sur les obscurités de **1789** et à faire justice absolue des légendes et des traditions de **93**. L'écrivain s'y est rallié et rattaché pleinement à la grande tradition française, la seule initiatrice du monde à la véritable liberté. *Fiat lux.*

(8) Voici la division de ce grand travail : *Le Théâtre et la Révolution, 1789.* — II. *Le Jeu du roi détrôné.* — III. *Les Comédiens révolutionnaires.* — IV. *Le Théâtre-Girondin.* — V. *Le Théâtre Montagnard.* — VI. *Le Théâtre-Thermidorien.* — VII. *Ave César.*

FOUQUET (Paul-Nicolas). — Né à Paris, en 1615, d'une famille de Bretagne, surintendant des finances de Louis XIV et membre de son conseil secret, conseiller au Parlement de Paris (1615-1680). — Etant tombé en disgrâce, il fut enfermé à la Bastille, le 16 juin 1663, et de là transféré au donjon de Pignerol, où il mourut, le 23 mars 1680. Après sa mort, il fut transporté à Paris et son corps déposé à la Visitation, rue Saint-Antoine, où il fut inhumé le 20 mars 1681.

Le surintendant Fouquet possédait le magnifique et somptueux château de Vaux. Sur tous les ornements de son château, on voyait les armes du surintendant, surmontées d'un écureuil, avec cette téméraire devise : *Quo non ascendet* ? (*Où ne monterait-il pas?....*)

G

GAILLARD (Gabriel-Henri). — Membre de l'Académie française, où il fut admis par la protection de Voltaire (1771). Il était né à Ossel, près de Soissons (1726), et mourut en 1806 à Saint-Firmin, près de Chantilly. A publié la vie du fameux Malesherbes. Sa participation aux élections des États généraux de 1789 est le seul rôle politique qu'il ait rempli.

GALLET. — Riche partisan et joueur célèbre du XVII siècle, qui, dit-on, perdit toute sa fortune d'un coup de dés. — Ce fameux joueur fit construire, à Paris, l'hôtel Sully, qui portait alors, rue Saint-Antoine, le n° 24, aujourd'hui 143, et appartient à M. Lemaire, ingénieur des ponts-et-chaussées.

Quoique ce fait ait été souvent contesté, il résulte des témoignages et des renseignements recueillis sur le manuscrit autographe de Tallemant, sieur des Réaux, contemporain de Gallet, qui remonte à la fin de 1687, et qui appartient à M. le vicomte de Lanjuinais, et il n'est plus permis d'en douter. Ces renseignements sont consignés par M. de Montmerqué, dans le T. VII, page 403, n° 7, des *Historiettes de Tallemant des Réaux*.

Voici donc l'histoire réelle de ce fameux hôtel de Sully, telle qu'elle est écrite en vieux style :

« Gallet, eslû à Chinon, avait fait un grand gain « au jeu ; c'est luy *qui a basty l'hôtel de Sully.* »

Plus loin, Tallemant des Réaux cite la version d'un autre chroniqueur, lequel ajoute :

« Gallet s'était retiré avec 1,200 livres de gain. » *Comme il faisait bâtir l'hôtel de Sully*, dans » la rue St-Antoine, le petit Lalande le vint trouver » ver et lui dit :

« Vous êtes un bon homme, vous pourriez bas- » tir vostre maison aux dépens des joueurs, et vous » payez vos ouvriers de vos belles pistoles de poids ; » venez un peu chez la Blondeau (qui tenait alors » un tripot à la place Royale, qu'on appelait une » académie de jeu), et il l'entraîna.

« D'abord, par malheur pour l'y, il gagna ; cela
» l'encouragea ; puis la chance estant tournée,
» il perdit tout.
« Il (a) fait une grande trahison à sa fille ;
» elle s'en fit religieuse, après avoir changé
» de religion.. Il lui demanda ses pierreries, puis
» lui en rendit de fausses au lieu de vraies ; il les
» perdit. »

Ce joueur effréné dont la ruine fit alors grand bruit et qui demeura célèbre dans tout le XVIIe siècle, avait gagné au jeu des sommes immenses. Il joua en un coup de dés l'hôtel de Sully.

Vers la fin de sa vie, après avoir tout perdu, il allait, dit-on, jouer aux cartes sur les quais et dans les rues avec des gens de la lie du peuple et même avec ses anciens laquais sur les degrés de la maison qui lui avait appartenue.

Régnier, dans sa satire XIVe disait, en 1662 :

Gallet a sa raison ; et qui croira son dire,
Le hasard pour le moins lui *procure* (1) un empire ;
Toutefois, au contraire, étant léger et net,
N'ayant que l'espérance et trois dés au cornet,
Comme sur un bon fonds de rente et de receptes,
Dessus sept ou quatorze assigne ses adeptes.

Et Boileau, dans sa satire VIII, *A M. Morel docteur en Sorbonne*, à propos de l'*Embarras des richesses* le désigna aussi à l'attention de ses lecteurs :

Eût-on plus de trésors que n'en perdit Gallet.

Enfin, Ménage, l'auteur du *Dictionnaire français*,

(1) Des Réaux dit : *fournit*, et Ménage dit : *promet*.

publié en 1750, pour confirmer ce fait, ajoute :

« Il est à remarquer qu'il y avait à Chinon, il » n'y a pas longtemps, une famille du nom de Gal- » let. Gallet, ce joueur *qui a fait bâtir à Paris* » *l'hôtel de Sully*, était de cette famille.

» Cest ce même Gallet dont Régnier le sati- » rique a fait mention en ses vers de sa quator- » zième satire. »

GENEVIEVE (*Genevefa*). — Patronne de Paris; simple bergère, née à Nanterre vers 419 ou 421, morte en 512. — C'est à sa prière que Clovis fit bâtir au sommet de Paris, au haut de la montagne Sainte-Geneviève, en l'honneur de saint Pierre et de saint Paul, l'église qui a reçu depuis le nom de la sainte. Ses reliques, après y avoir été exposées à la vénération des fidèles, l'ont été ensuite à Saint-Étienne-du-Mont, et, depuis 1852, elles ont été transférées dans la basilique à laquelle son nom a été rendu, l'ancien Panthéon.

GIROUD DE VILLETTE (Marie-Clémence-Valérie née Bonneville de Bleschamp, femme de l'auteur de cet ouvrage, petite nièce de feu la princesse douairière Lucien Bonaparte de Canino. — Mme de Villette, que tout Paris a connue dans la lutte suprême qu'elle a courageusement soutenue contre le gouvernement impérial, à l'occasion des actes arbitraires dont elle a été l'objet de la part de l'autorité supérieure, comme portant atteinte à sa liberté individuelle, est cette même femme dont un des critiques les plus autorisés de la presse parisienne (1) a fait le plus bel éloge de son talent musical, quand il a dit qu'elle avait *la vaillance* et *la foi!*

Mme G. de Villette est l'auteur d'un grand nombre de poésies inédites. Parmi ces poésies, on remarque surtout une ode dédiée à la ville de Fontainebleau, le 24 décembre 1864, et une épître adressée au créateur de Ferrières (M. le baron James de Rothschild), à l'occasion de la réception de S. M. l'empereur Napoléon III au château de Ferrières.

On a d'elle aussi plusieurs publications intéressantes, notamment des lettres de la princesse Lucien Bonaparte, indiquées sous le n° 8,807 du *Catalogue de l'Histoire de France*, à la Bibliothèque nationale, éditées en 1862 (in-8°); sa pétition au Sénat, du 10 mai 1864, et sa réponse, devant cette haute assemblée, au rapporteur de cette même pétition, du 19 juin 1865, etc. etc.

GŒTHE (Jean-Wolfgand). — Le plus grand poète de l'Allemagne, né le 28 août 1741, à Francfort-sur-le-Mein, mort à Weymar en 1832. Auteur de *Faust*.

GRATIEN. — Empereur d'Occident, succéda à son père en 375. Gratien était actif, intelligent et brave; il fut cependant renversé par l'usurpateur

(1) M. Paul Ferry, rédacteur en chef du *Messager des théâtres* et du journal *la Comédie*, dont il est parlé plus haut.

Maxime. Celui-ci ayant passé en Gaule, Gratien marcha à sa rencontre; mais il manqua d'argent et ses troupes l'abandonnèrent. Il essaya de s'échapper et de gagner les Alpes; mais, atteint près de Lyon, il fut mis à mort le 25 août 383.

GUILLOTIN (Joseph-Ignace). — Député de Paris aux États généraux de 1789, né à Saintes en 1738, mort en 1814. La nouvelle école historique a tenté de le déposséder de son invention d'un instrument trop fameux, pour en doter le chirurgien Louis. C'est nier l'évidence et dénaturer les faits. Guillotin avait demandé l'égalité en matière de supplices et fait décréter le principe de la décapitation, par l'Assemblée nationale de 1789. « *Avec ma* MACHINE, s'écria-t-il, *je vous fais sauter la tête en un clin d'œil et sans que vous éprouviez la moindre douleur.* » La machine existait donc, dès ce moment, dans l'imagination du docteur, et elle passa sur-le-champ dans l'imagination du peuple. On fit à ce sujet plusieurs chansons :

Guillotin,
Médecin
Politique,
Imagine un beau matin
Que pendre est inhumain
Et peu patriotique.....

Cette seconde est moins connue ; Guillotin chantait lui-même :

Quand notre constitution
A chaque instant s'avance,
Je veux faire à la nation

Un présent d'importance.
Afin d'être utile au besoin
A tous tant que vous êtes,
Je viens d'embellir au besoin
L'art de couper les têtes.

Le décret qui donna gain de cause à Guillotin est daté du 21 JANVIER 1790, date fatidique!... Le journaliste Prud'homme proposa cette épigraphe de Malherbe pour ce nouvel échafaud :

Et la garde qui veille aux barrières du Louvre
N'en défend pas les rois!

Présage horrible! La motion de Guillotin ne fut régularisée que plus de deux ans plus tard, alors que son auteur ne faisait plus partie des assemblées politiques.

La Législative eut recours au chirurgien Louis, qui, avec le mécanicien Schmidt, fut chargé de construire la machine appelée guillotine. Il se borna à reprendre et à appliquer toutes les idées de Guillotin.

Le rapport de Louis est au *Moniteur* du 22 mars 1792; son auteur mourait le 20 mai suivant, après avoir vu la première exécution, qui eut lieu le 25 avril, en Grève, sur un voleur de grand chemin.

H

HERODE ANTIPAS (*Le Tétrarque*). — Un des fils d'Hérode, dit le Grand (l'*Ascalonite*), roi des

Juifs, né à Ascalon, situé sur la côte du pays des Philistins, 72 ans avant Jésus-Christ. Mort un an après Jésus-Christ. A la mort de son père Antipas, il reçut le Pirée et une partie de l'Isturée, province au sud de la Syrie, et le gouvernement de la Judée lui fut dévolu avec le titre de *Tétrarque*.

HORACE *(Quintus-Horatius-Flaccus)*. — Très célèbre poète latin, satirique, né à Venouse, l'an 689 de Rome.

HORN (Le comte de). — L'un des conjurés qui prit part à la conspiration contre Gustave Wasa de Suède. Il fut condamné à mort comme complice et eut sa peine commuée en un bannissement perpétuel. — Il était fils de Frédéric de Horn, comte d'Amine, général suédois, qui réussit à prévenir une sédition à Stockolm et fut fait, en récompense, lieutenant-général et comte.

HUE DE MIROMÉNIL (Armand-Thomas), — 1723-1796. — Premier président du Parlement de Rouen, garde des sceaux en 1774.

J

JEAN II (Le Bon), roi de France (1330-1364). — Fut fait prisonnier à la bataille de Poitiers, par le prince Noir, en 1356. — Signa le traité de Bretigny, qui lui rendait sa liberté, en 1360. — Il mourut à Londres, en 1364, où il était retourné, pour ne pas faillir à l'honneur, se constituer prisonnier à la place d'un de ses fils, le duc d'Anjou, qu'il avait laissé en otage au roi Edouard III d'Angleterre, et qui s'était échappé.

Il institua en France l'ordre de l'Etoile. Cet ordre de l'Etoile était une imitation de l'ordre de chevalerie institué, en 1346, par Edouard III, roi d'Angleterre, à l'occasion de la victoire de Crécy, où il avait donné pour mot d'ordre *Gaster* (Jarretière). Cette bataille fut perdue par la fougue chevaleresque de Philippe VI de Valois. Onze princes, douze cents seigneurs ou chevaliers et 30,000 soldats restèrent sur le champ de bataille.

Suivant une autre version, qui semble être la plus accréditée, en 1349, la comtesse de Salisbury, qu'Edouard aimait passionnément, ayant perdu sa jarretière dans un bal, s'empressa de la ramasser; son empressement provoqua l'hilarité de ses courtisans. « *Honi soit qui mal y pense!* dit-il; ceux » qui rient seront peut-être un jour très honorés » d'en porter une semblable. » — Peu de temps après, il fonda l'ordre de la Jarretière.

Cet ordre a pour chef le souverain d'Angleterre, et ne peut compter que vingt-six membres, y compris le roi et la reine.

JOURDAN. — Le vainqueur de Hondschoote et de Watignies. Le 26 juin 1794, cet intrépide général battit encore les Autrichiens à Fleurus. — C'est la veille de cette bataille que, pour la première fois, les aérostats furent employés comme moyen d'exploration militaire, moyen prévu et annoncé par André Giroud de Villette onze ans auparavant, le 19 octobre 1783.

JUVÉNAL (*Decimus* ou *Decius* — *Juvius Juvenalis*). — Poète satirique latin, né à Aquinum en Apulie, vers l'an 42. Fut longtemps avocat.

L

LAPORTE D'ANGLEFORT (le comte de). — Lieutenant-colonel d'artillerie qui périt sur le Niester, en se rendant à Constantinople. — On a remarqué que ce seigneur semblait être destiné à périr de mort violente dans un des trois éléments, le feu, l'air et l'eau. — Il s'était trouvé sur une des batteries flottantes au siège de Gibraltar, et il l'échappa belle dans la grande montgolfière de Lyon.

LAVOISIER. — De l'Académie des Sciences, une des plus déplorables victimes de la Terreur.

LEBŒUF (l'abbé). — Chanoine d'Auxerre, né dans cette ville en 1687, mort en 1760. Auteur de l'*Histoire d'Auxerre*.

LESDIGUIÈRES (le connétable de). — Né en 1543, à Saint-Bonnet de Champsaur (Haut-Dauphiné), et mort en 1626, de parents nobles, mais pauvres, Lesdiguières se destinait à la carrière de la magistrature. — Il se fit avocat au parlement de Grenoble, mais abandonna cette carrière pour celle des armes.

— Simple archer en 1562, il devint par ses talents un des chefs du parti calviniste, et contribua puissamment à faire monter Henry IV sur le trône de France. Il défit le duc de Savoie à Epernon en 1591 et à Vigort en 1592; puis fut successivement créé maréchal en 1608, duc et pair en 1611. Il abjura le calvinisme en 1622, et commanda les troupes royales contre ses anciens coréligionnaires au prix du titre de connétable. — Les guerres de religion au XVIe siècle furent sanglantes à Grenoble. La ville étant rentrée au pouvoir des ligueurs, Lesdiguières s'en empara pour Henry IV en 1590. — Ses deux filles furent successivement mariées au maréchal de Créqui.

LESUEUR (Eustache). — Peintre célèbre, né à Paris en 1617, mort en 1655, surnommé le Raphaël Français, ne peignit que pour des particuliers et des couvents. — Dégoûté du monde par la perte de sa femme, il se retira dans un cloître de Chartreux. — Il est le premier peintre de l'école française sous Louis XIV.

LEUVEN (de). — Homme de lettres, ancien directeur de l'Opéra-Comique. Fils du comte de Ribbing, le chef de la conspiration contre Gustave Wasa.

LOUIS XI. — Roi de France, fils de Charles VII, succéda à son père en 1461. Il s'attacha à combattre la féodalité; mais il souilla son triomphe par ses cruautés et ses perfidies. Sur le point de mourir, il envoya chercher en Sicile l'ermite saint François de

Paule, et se traînait à ses genoux pour lui demander un miracle. A sa dernière heure, il demanda les sacrements de l'Église. Il mourut le 30 mai 1483, à l'âge de 61 ans.

Il y a eu dans ce monarque deux hommes : le grand roi, le restaurateur de l'ordre, et le tyran soupçonneux et impitoyable à l'esprit superstitieux, qui croyait acheter par des offrandes la complicité du ciel.

LOUIS XIV (Louis-le-Grand). — Roi de France, surnommé le Roi-Soleil, né en 1638, mort le 1er septembre 1715, à l'âge de 77 ans, après en avoir régné 72. Le siècle de Louis XIV est le plus brillant de notre littérature.

LOUIS XVI. — Roi de France. C'est sous le règne de ce monarque qu'eut lieu à Paris, le 19 octobre 1783, la première ascension du *premier aérostat monté.*

Billaud-Varennes, le futur régicide, alors préfet des études chez les oratoriens, attachait cette inscription au bas d'un ballon qui fut lancé, par ses élèves, au collége de Juilly :

Les bulles de savon ne sont plus de notre âge :
En changeant de ballon, nous changeons de plaisirs.
S'il portait à Louis nos vœux et notre hommage,
Le vent le soufflerait au gré de nos désirs.

A rapprocher des vers envoyés par Fouquier-Tinville aux *Petites-Affiches* de l'abbé Aubert :

D'une profonde paix nous goûtions les douceurs :
Même au milieu des fureurs de la guerre,
Louis sut, en tous temps, la donner à nos cœurs.
En l'accordant à la fière Angleterre,
Louis admet ses ennemis
Au rang de ses enfants chéris.
Sous l'autorité paternelle
De ce prince ami de la paix,
La France a pris une splendeur nouvelle,
Et notre amour égale ses bienfaits.

» Tous de la même famille ! » avait dit d'avance Figaro.

M

MALBOROUGH. — Général en chef des forces anglaises devant la baie de Cancale (1758), qu'il ne faut pas confondre avec le grand capitaine du même nom qui, en 1709, après s'être avancé un moment jusqu'à quelques lieues de Paris, fut forcé de reculer avec le prince Eugène de Savoie jusque sous les murs de Denain. La bataille de Denain, en Flandre (1712), gagnée par le maréchal de Villars, sauva la France, et, par le traité d'Utrecht (en Hollande), donna enfin la paix à Louis XIV, en assurant définitivement le trône d'Espagne à son petit-fils Philippe V.

MANSART (Jules-Hardouin). — Architecte, né à Paris en 1645, mort à Marly en 1708, surintendant des bâtiments de Louis XIV, qu'il ne faut pas confondre avec François Mansart, né également à Paris, d'une famille italienne, en 1598, et mort en 1666, lequel construisit le château de Maisons-Laffitte, et auquel on attribue l'invention de cette couverture à combles brisés, appelés mansardes.

Le château de Choisy-le-Roi fut construit, en 1682, sur les dessins de cet habile architecte.

Jules-Hardouin Mansart édifia le palais de Versailles, celui de Trianon, le château de Marly-le-Roi, celui de Dampierre, dans la vallée de Chevreuse, Saint-Cyr, la place Vendôme, la place des Victoires et le dôme des Invalides.

MARMONTEL (Jean-François). — Né à Bord (Limousin), en 1723, mort à Abbeville (Eure) en 1799, est resté célèbre par ses *Contes moraux*, son *Bélisaire* et ses *Incas*. Il s'honora, dans l'assemblée des électeurs de 89, en osant se lever seul, à la contre-épreuve, pour protester contre la première décision révolutionnaire et usurpatrice. « Il se fermait ainsi, écrit Bailly, la porte à tous les honneurs. »

MAYRARGUES. — Capitaine sous le commandement de Lesdignières, pendant les guerres de la Ligue. Se distingua à la prise de Grenoble, dans la nuit du 24 au 25 novembre 1550.

MELCHISÉDECH. — Qui signifie Roi de justice, Prêtre du Très-Haut (2281 avant Jésus-Christ), était alors roi de Salem, aujourd'hui Jérusalem. Il bénit Abraham au retour d'une expédition pour la délivrance de son neveu Loth, contre le roi des Élamites, et offrit pour lui du pain et du vin en sacrifice au Seigneur, symbole de Jésus-Christ et du sacrifice qui s'accomplit tous les jours dans nos temples; Abraham lui donna la dîme du butin qu'il rapportait. — Melchisédech est regardé comme l'ange de Jésus-Christ, que l'Écriture appelle prêtre éternel, par opposition à l'ordre d'Aaron.

MÉNAGE (Gilles). — Né à Angers, le 15 août 1613, fils d'un avocat au bailliage, suivit lui-même d'abord cette carrière et se fit ensuite abbé. Mourut, à Paris, le 16 juillet 1692, à 79 ans. — Il est l'auteur du *Dictionnaire des origines de la langue francaise*.

MICHELET (Jules). — Historien, membre de l'Institut, né à Paris, le 21 août 1798, mort en 1878 à l'âge de 78 ans. — Michelet a débuté par la chaire d'histoire, en qualité de professeur, au collège de Sainte-Barbe-Nicolle, aujourd'hui Rollin. Il a été, à la même époque, le professeur d'histoire de S. A. R. le duc de Bordeaux, puis successivement professeur à la Faculté des lettres, professeur d'histoire à l'École normale, au Collège de France, et chef de la statistique aux Archives nationales. — Il est l'auteur d'une *Histoire de France*, d'un *Précis d'histoire moderne* et d'une *Histoire de la révolution*, de *l'Oiseau*, de *l'Insecte*, de *la Mer* et de *la Sorcière*, livres étranges, dans lesquels il matérialisa trop souvent sa pensée en croyant s'élever à la vérité sur les ailes de l'idéal. Michelet, ainsi que nous l'avons dit (V. p. 3), en lui faisant attester « l'honnêteté » du jeune roi Louis XVI, et « l'immense espoir » que la France avait fondé sur son règne, Michelet a été notre professeur à Sainte-Barbe lorsqu'il donnait aussi ses leçons à Monseigneur le duc de Bordeaux. Il se montrait alors profondément catholique, pratiquait, croyait, et nous prodiguait son exemple en même temps que ses leçons. Il a écrit : *L'histoire est une résurrection* ; et dans son testament il a dit : *Que Dieu reçoive mon âme reconnaissante.* Qu'il nous soit donc permis, à nous aussi, de dire, en ressuscitant l'histoire, que pour racheter son apostasie politique et religieuse, il aurait dû ajouter : *et repentante.*

MIRABEAU (Gabriel-Honoré RIQUETTI, comte de). — Orateur célèbre, né au château de Bignon (Loiret), le 9 mars 1749, d'une famille originaire de Florence, mort le 2 avril 1791. Son corps fut porté au Panthéon. Il en fut arraché par les terroristes de 93. — Ceci tuera cela... Mirabeau avait tué la royauté. Sa néfaste influence sur les hommes et les évènements de 1789 a été justement stigmatisée. « Mon père était l'ami des hommes, j'en » voulus être le fléau ! » a-t-on fait dire à celui qui avait déchaîné la foudre et qui ne sut pas la conjurer. On connaît sa trop fameuse apostrophe au marquis de Dreux-Brézé, à l'issue de la séance royale du 23 juin 1789 :« Allez dire à ceux qui vous

» envoient que nous sommes ici par la volonté de » la nation, et que nous n'en sortirons que par la » force des baoïnnettes. » Ce qu'on ignore généralement, c'est le jugement qui en a été porté par le président même de l'Assemblée. Bailly rapporte que la phrase de Mirabeau a été formulée ainsi : « Allez » dire à ceux qui vous envoient que la force des » baïonnettes ne peut rien contre la volonté de la » nation. » Puis il ajoute : « On a beaucoup loué » cette réponse, *qui n'en est pas une*, mais une apos- » trophe *qu'il ne devait pas faire*, *qu'il* N'AVAIT PAS » LE DROIT de faire, et qui, *en même temps que dé-* » *placée*, ÉTAIT HORS DE TOUTE MESURE. La mesure » veut qu'on ne réponde qu'à ce qui est dit. Avait- » on parlé de baïonnettes? Avait-on annoncé la » force? Etait-il échappé une menace de la bouche » de M. de Dreux-Brézé ? Non... » C'est cependant juché sur de pareilles échasses que Mirabeau encore nous parait si grand.

MONTGOLFIER (Mademoiselle Adélaïde de). — Fille d'Étienne, femme de lettres, fondatrice du *Journal des jeunes filles*, publié en 1848 (in 8°), collaboratrice de la *Revue des Deux-Mondes*, auteur et compositeur de poésies et mélodies diverses.

MONTAIGNE (Michel de). — Philosophe célèbre et moraliste, né en 1513, au château de Montaigne (Périgord), mort en 1552. — Une des gloires de la littérature française. Il doit sa célébrité à un ouvrage sans sujet spécial intitulé *Essais*, parce qu'il voulut dit-on, faire dans ce livre «l'esssai de ses facultés. » C'est une espèce de macédoine d'histoire, de littérature, de philosophie; néanmoins ce vrai et sage philosophe est, à juste titre, regardé comme le premier des écrivains et des moralistes français. (Voir l'*Eloge de Montaigne*, par Prévost-Paradol.)

PALLADE (*Sanctus Palladius-Antissiodori*). — Vingtième évêque d'Auxerre, célèbre par ses éminentes vertus et par les travaux d'un épiscopat de 36 ans, mourut vers 657, et fut inhumé dans la basilique de Saint-Eusèbe qu'il avait bâtie. — On lui attribue aussi la fondation de Clamecy. Canonisé vers le xe siècle, par Guy, l'un de ses successeurs, les reliques de ce saint évêque, qui avaient été déposées dans cette église, le 30 juillet 945, furent conservées pendant l'espace de six siècles, jusqu'aux ravages des huguenots, en 1567.

Cet évêque fonda, en 635, le monastère de Saint-Julien d'Auxerre, bâti dans cette ville, vers l'an 432, pour des hommes, par saint Germain, auquel on attribue la fondation d'Auxerre. — Saint Pallade le plaça hors la ville, sur le ruisseau venant de Valant et de Banteaume et le convertit en monastère de filles; il y mit des religieuses vierges et veuves. Comme écrivain, on n'a de cet évêque qu'une lettre à Didier, évêque de Cahors.

PÉLAGE (en celte signifie Morgan, c'est-à-dire maritime). — Moine hérésiarque de IVe siècle, né dans la Grande-Bretagne. Esprit ardent et exalté, il enseigna « qu'Adam avait été créé *sujet à la mort;* » que son péché n'avait pu être imputé à ses descen» dants; que les enfants en naissant sont dans le » même état où se trouvait Adam avant son péché; » que la nature n'est point corrompue et que *la » grâce n'est pas nécessaire pour pratiquer la » vertu.* » — Les conciles de Carthage et d'Antioche (425) et le troisième concile général œcuménique, tenu à Ephèse, du 22 juin au 31 juillet 431, condamnèrent sa doctrine dont saint Augustin fut le principal adversaire. — C'est à ce même concile que 274 évêques prononcèrent en même temps anathème contre Nestorius, évêque de Constantinople.

PELLERIN (*Sanctus Peregrinus*). — Martyr, prêtre et citoyen romain, compté parmi les ancêtres des Savelli de Rome (258-304). — Ordonné évêque par Sixte II, qui siégeait à Rome depuis la fin d'août 258 jusqu'au 6 août 259, pour aller porter le flambeau de la foi dans les Gaules, il vint à Auxerre vers 259, où il arbora la croix de J.-C. à Icauna (Yonne). — Il est considéré comme le premier évêque d'Auxerre.

Suivant les martyrologes peu éloignés de son siècle, saint Pellerin eut la tête coupée le 6 mai, du temps de la grande persécution de Dioclétien, en 303 ou 304, pour avoir refusé au préfet ou juge de sacrifier aux faux dieux; d'où il faut conclure que ce saint évêque était fort âgé quand il mourut, et que son apostolat dans Auxerre avait duré plus de trente ans. — Le corps de saint Pellerin fut inhumé à Bouy à une lieue d'Entrains, près du souterrain où il avait été enfermé avant son exécution.

PHARE (*Burgondo Fara.* — Sainte), ainsi nommée parce qu'elle descendait d'une noble famille originaire de la Bourgogne. Cette vierge était fille d'Agneric, comte de Meaux, un des principaux officiers de la cour de Théodebert II, roi d'Austrasie. Vers l'an 615, le comte de Meaux se chargea lui-même de faire construire, au milieu des propriétés qu'il possédait dans la Brie, le monastère des Bénédictins, dont sainte Phare, sa fille, fut la première abbesse.

Sainte Phare, florissait, en effet, en ce temps, dans un lieu appelé Eborie, *Eboriac*, *et qui ores est* dit *Pharemoutier*. Le comte de Meaux avait choisi pour l'emplacement de cette abbaye la colline pittoresque et sauvage d'Eboriac (Eborie), montagne d'Ivoire, ainsi surnommée à cause de la splendeur et de la netteté de ses coteaux, qui rivalisent avec la clarté et la pureté de l'ivoire, où se trouve aujourd'hui Faremoutier, l'ancienne Eborie. Cette abbaye, dont il reste encore de belles caves, fut détruite pendant la Révolution.

Sainte Phare mourut le 3 avril 655, âgée de près de soixante ans, ayant donné au monde les exemples qui avaient étendu sa réputation de sainteté jusque dans les contrées les plus éloignées.

PILATRE DE ROZIER. — Célèbre aéronaute, né à Metz, le 30 mars 1756, mort près de Boulogne-sur-Mer, le 25 juin 1785.

PLINE (l'Ancien ou le Naturaliste). — Né en l'an 776 de Rome, 23 de J.-C., selon les uns à Vérone, selon les autres à Côme (*Nova Comum*). En 69, à 44 ans, il fut nommé intendant de l'empereur en Espagne. Il revint à Rome en 73, fut ensuite nommé au commandement de la flotte à Misène, on ne sait à quelle époque. L'an 80, à cinquante-cinq ans, il dédie à Titus son *Histoire naturelle*, et meurt en 81 (1), dans l'éruption du Vésuve, qui engloutit Herculanum et Pompeï. Sur le bord du rivage, appuyé sur deux esclaves, en voulant, par une curiosité trop ardente, observer de près ce phénomène, il fut suffoqué par la flamme et étouffé par le manque de respiration, car il était souvent oppressé.

POLYBE. — Célèbre historien et géographe grec, né à Mégalopolis, ville du Péloponèse, dans l'Arcadie, l'an 202 avant J.-C. Il fut nommé général de la cavalerie achéenne, an 585 de Rome, et fait prisonnier dans la guerre destinée à porter secours aux Romains contre Persée (2), roi de Macédoine, fils de Philippe V, appelé le plus souvent Philippe III, à cause du peu d'importance des deux autres qui le précédèrent. Il fut battu par Paul-

(1) Voir cette mort dans la lettre de Pline le jeune à Tacite, Liv. VI, lettre 16, qui est un véritable monument authentique.

(2) Ne pas confondre ce roi avec Persée, fondateur de Mycènes, héros grec, du XVe siècle avant J.-C., et qui, d'après la mythologie, et suivant la dynastie fabuleuse, était fils de Danaé et de Jupiter, qui s'était changé en pluie d'or pour pouvoir pénétrer dans la tour où Acrésius, roi d'Argos, tenait enfermée sa fille Danaé.

Emile à Pydna, l'an 586 de Rome (168 à 167 avant J.-C.). Polybe accompagna Scipion Emilien, son élève, dans ses expéditions militaires, et se trouva avec lui aux sièges de Carthage et de Numance. Il mourut d'une chute de cheval, à 82 ans, vers l'an 120 avant J.-C.

PTOLÉMÉE (Claude-François). — Célèbre écrivain grec, astronome et géographe (128 ans avant J.-C.), né, dit-on, à Ptolémaïs d'Hermias, dans la Thébaïde (province de la Haute-Egypte), sur les bords du Nil (aujourd'hui Menschie). Ptolémée, sous les Antonins, essaya de faire revenir l'astronomie à un système scientifique. Sans la géographie de Ptolémée, on n'aurait eu ni un Guillaume de Lille, ni un Danville, ni même ce Christophe Colomb, auquel on doit le nouvel hémisphère, qu'il apprit à découvrir dans la méditation du livre de Ptolémée.

La Place nous fait connaître que Ptolémée a rendu de grands services à la géographie, en rassemblant toutes les déterminations de longitude et de latitude des lieux connus, et en jetant les fondements de la méthode de projection pour la constrution des cartes géographiques. Enfin il a donné, à part de son traité d'astronomie, une géographie fondée sur les observations célestes (1).

R

RÉGNIER (Mathurin). — Poète satirique, né à

(1) Exposition du système du monde.

Chartres, en décembre 1573, issu de bonne famille bourgeoise; mort le 22 octobre 1613.

L'apparition de Régnier fut un grand évènement littéraire; aussi le siècle de Louis XIV n'a-t-il fait de réserves contre lui qu'au nom de la morale. Il lança un puissant coup de griffe aux harpies que pourchassait Sully.

Destiné de bonne heure à l'état ecclésiastique, il fut tonsuré à 9 ans et nommé chanoine de Notre-Dame de Chartres en 1604, en remplacement de son oncle, l'illustre poète Desportes. Sa conduite n'en fut pas plus édifiante. Très dissipé dans sa jeunesse, il mena ensuite une vie épicurienne qui abrégéa ses jours. Il mourut à 40 ans.

Régnier excellait surtout dans la satire. Aussi les auteurs et probablement le public étaient-ils dans la fausse persuasion que le style de la satire devait être conforme au langage supposé des satyres, divinités lascives des Grecs.

Faut-il donc s'étonner que Mathurin Régnier ait trop souvent partagé une opinion que ses habitudes le portaient à embrasser? De là ce reproche banal d'immoralité qu'on adressa a Régnier.

D'autres, avant nous, y ont répondu mieux que nous ne pourrions le faire, et parmi les autorités qu'il nous sera permis d'invoquer à l'appui de notre opinion et de celle de tous ceux qui, comme nous et avant nous, ont déja fait justice de cette prévention, citons celle du bibliophile James-Edouard de Rothschild.

Voici, en effet, comment M. le baron James de Rothschild justifie le tempérament de cet autenr, dans sa savante et spirituelle étude sur Régnier, intitulée : *Essais sur les satires de Mathurin Régnier* (1), et qu'il a lue et développée avec autant de justesse que de tact dans la séance tenue à Versailles par la Conférence du Rez-de-Chaussée, le 7 mai 1863, dont le siège est à Paris, quai Malaquais, n° 3 :

« Que nous importe si l'homme fut ivrogne ou » libertin, pourvu que le poète soit éloquent, pas- » sionné, vrai ? Gœthe nous accuse, nous Français, » de *chercher toujours ce côté ordinaire chez* » *l'homme extraordinaire*. Pourquoi donner raison » à nos voisins d'Outre-Rhin ? Régnier est immo- » ral à la manière de Juvénal, c'est-à-dire qu'il a » attaqué le vice avec des armes qui font rougir la » vertu. On n'a jamais reproché à Juvénal d'avoir » été immoral, parce qu'il n'a bravé l'honnêteté » que dans les mots (2). Il en est de même pour » Mathurin Régnier. La tendance de ses pièces est » de la plus haute moralité.

(1) Publiés à Paris, 1 vol. in-8°, par Aubry, en 1863.

(2) En effet, quand on lit l'histoire du temps, on reconnaît que Juvénal en a fidèlement reproduit l'image; ses tableaux sont pleins de vérité. Juvénal semble d'ailleurs avoir écrit pour tous les temps; son livre est la satire de la société actuelle autant que de celle où il a vécu. Aussi est-il aisé de comprendre que le but qu'il se proposait en écrivant comme il l'a fait, était de rendre le vice hideux et dégoûtant, et ce n'est pas certes avec de l'eau de rose qu'il pouvait le peindre à nu et dans toute son horreur.

Certains écrivains ont trouvé que l'indignation de Juvénal

« Il entre quelquefois avec trop de complaisance
» dans une description minutieuse du vice ; on ac-
» cordera que lorsqu'il peint le mal, c'est avec des
» couleurs si sombres, si affreuses, qu'il ne nous

n'était pas justifiée par ses vertus, et qu'il se complait dans les infamies qu'il raconte.

C'est ainsi que presque dans tout son recueil, composé de seize satires et trois épîtres, on retrouve, en effet, ce langage tant reproché à Régnier, où, comme l'a fait justement remarquer M. le baron James de Rothschild (dans ses *Essais sur les satires de Mathurin Régnier*), il attaque le vice avec des armes qui font rougir la vertu.

Assurément Juvénal n'est pas un livre de demoiselles, ni même celui de nos jeunes gens ; aussi est-ce avec raison que ce poète n'est pas appelé à figurer dans nos programmes universitaires.

Le passage que nous reproduisons ici avec dessein seulement en latin, et où on retrouve en abondance cette crudité de langage, justifie suffisamment cette prévoyante mesure. Il est extrait de la sixième satire (les Femmes romaines), l'une des plus remarquables de son recueil, avec celles de la Noblesse, des Vœux et du Turbot,

Voici comment le poète raconte ici l'effroyable débordement de mœurs, par une nuit de débauche, de certaines dames romaines, enivrées d'une passion qui ne respecte plus rien, et occupées, sous l'aspect de Vénus, à satisfaire une sensualité hideuse, seul but de leur vie. On sait ce qui se passe aux mystères de la bonne déesse.

« Tunc prurigo moræ impatiens, tunc femina simplex,
» Et pariter toto repetitus clamor ab antro :
» Jam fas est, admitte viros. Dormit at adulter.
» Illa jubet sumpto juvenem properare cucullo.
» Si nihil est, servis incurritur : abstuleris et spem
» Servorum veni et conductus aquarius : hic si
» Quæritur et desunt homines, mora nulla per ipsam,
» Quo minus imposito clunem submittat asello !

Nous sommes heureux de constater ici qu'une certaine plume française, celle de M. Dupois, a eu le bon goût d'arrêter ici la

» inspire pour lui que de la répugnance de l'hor-
» reur.

» Régnier n'a pas craint d'appeler souvent les » choses par leur nom ; mais ce n'est pas dans les » mots que l'on fera consister l'immoralité d'un au-

---

traduction de ce passage, tant les deux derniers vers lui ont inspiré de dégoût. Aussi on comprendra le motif de la réserve qui nous fait une loi à nous-même de nous abstenir à notre tour de donner ici la traduction de ce fragment, et nous renvoyons ceux de nos lecteurs pour lesquels la langue latine ne serait pas assez familière, et qui seraient désireux d'en connaître le sens, à l'excellente traduction publiée, en 1873, par la librairie Hachette, et surtout à celle de M. Nisard.

Un tel langage, en effet, est bien fait pour révolter notre délicatesse, et nous l'aurions préféré plus réservé dans ses peintures; mais Juvénal ne s'adresse ici qu'aux hommes faits, qui ne s'effarouchent point du mot, plus soucieux qu'ils sont du fond que de la forme.

Quoique Juvénal ne recule jamais, au besoin, devant l'emploi des termes d'une nudité aussi révoltante, nous devons cependant lui rendre cette justice qu'il n'est jamais obscène à plaisir, comme *Horace*, *Catulle* et *Martial*, C'est également l'opinion de M. Nisard, membre de l'Académie française, ancien professeur d'éloquence au Collège de France et ancien maître de conférence à l'Ecole normale.

Dans un travail très-remarquable, le plus réussi et le plus complet qui ait été fait sur Juvénal (*Études de mœurs et critiques sur les poètes latins de la décadence*), et que cet académicien consacre à l'examen du poète, il explique que Juvénal vécut au milieu de cette décadence, que le fond de toute sa philosophie est peut être l'insouciance d'*Horace*, avec une âme plus pure et probablement des mœurs plus chastes ; et il ajoute, au chap. II. (*La Déclamation*), que le secret du caractère et du talent de Juvénal est dans cette courte biographie : « *Déclamation souvent !* » Juvénal est tout entier dans un tel mot.

Et serait-ce bien aux hommes de notre siècle à s'en effrayer ? Avons-nous rien, en effet, à envier aux descendants de Rémus en fait d'excès ou de dépravation? Prostitutions, adultères

» teur. Cest dans l'esprit de son œuvre, c'est dans
» le but qu'il se propose.

» Le poète à qui l'on reproche seulement quel-
» ques termes peu convenables, dont il se sert pour
» flétrir le vice, est-il aussi pernicieux que le ro-
» mancier, qui cherche à faire aimer le vice, en le
» peignant sous les formes les plus attrayantes ?

» Si un esprit trop délicat peut s'effaroucher de
» la licence de certaines peintures, il est juste de
» reconnaître que le satirique les a toujours fait
» servir à la défense et au triomphe des idées hon-
» nêtes et libérales. »

ROTHSCHILD (James-Edouard, baron de). — Bibliophile et avocat distingué du barreau de Paris, auteur des *Essais sur les Satires de Mathurin Régnier*, publiés à Paris, in-8°, par Aubry, éditeur, 1863.

M. le baron James de Rothschild, plus généralement appelé le baron Jemmy de Rothschild, est aussi l'un des chefs de la maison Rothschild frères et Cie de Paris. Il est l'aîné des petits-fils du baron James de Rothschild, le fondateur de cette même

viols, avortements, empoisonnements, parricides, etc., etc..... autant de crimes monstrueux et hors nature dont sont malheureusement remplies journellement nos gazettes. — Nous avons nos goinfres, nos parasites, nos parvenus insolents, nos joueurs furieux, nos hypocrites, nos proxénètes, nos cinèdes, nos tribades, etc., etc. — Nous n'avons donc rien à envier aux mœurs infâmes de la Rome sous Agrippine, Messaline et Sabine, qui prêchaient par leur exemple l'immoralité et la plus scandaleuse dépravation.

maison en 1812, et qui épousa la fille de son frère, le baron Salomon, actuellement madame la baronne veuve James de Rothschild, une des femmes les meilleures et les plus distinguées de notre époque, comme aussi la plus charitable.

L'ancien hôtel Salomon, que possède à Paris, rue Laffitte, n° 17, madame la baronne James de Rothschild, est l'ancienne demeure de la reine Hortense et de Beauharnais; il a coûté plus de trois millions au chef de cette famille.

Sur le fronton de cet hôtel brillait autrefois, comme brille sur celui que vient de faire construire et qu'habite aujourd'hui M. le baron Gustave de Rothschild, avenue Marigny, l'écusson de la maison de Rothschild, aux cinq flèches d'or, sur champ de gueule, par allusion aux cinq maisons de banque de Paris, Londres, Vienne, Naples et Francfort.

Parmi les merveilles que renfermait cette demeure, se trouvait alors une curiosité véritable, et l'on y montrait l'épée de Henry IV, la même que le Béarnais portait à la bataille d'Arc et d'Ivry. Elle a été achetée seize cents francs à la vente de la collection Monville.

L'immense prospérité de cette maison, qui est aujourd'hui la plus forte et la plus riche maison de banque du monde entier, date de 1813 et 1814, époque à laquelle les chefs de cette maison furent élevés à la dignité de baron, eux et leur postérité des deux sexes, par lettres patentes de la cour de Vienne. — Elle est due non seulement à sa loyauté traditionnelle, devenue proverbiale, mais aussi au fidèle accomplissement de la recommandation, que leur fit leur père avant de mourir, de « rester toujours unis, » leur prophétisant que s'ils suivaient ce conseil, ils seraient « bientôt les riches d'entre les ri- » ches et que le monde entier leur appartiendrait. »

C'est qu'en effet aujourd'hui le monde des affaires leur appartient sans partage.

Impossible de voir une famille plus unie et une fortune plus honorablement acquise. Elle a été bien souvent utile aux gouvetnements de l'Europe, et on peut ajouter que les opérations de cette maison furent pour beaucoup dans les progrès incessants et dans la consolidation du crédit public.

Un grand nombre de publicistes ont écrit la biographie de cette illustre maison ; mais assurément aucun d'eux n'a mieux que Mme de Villette caractérisé les belles qualités de l'esprit et du cœur qui distinguent cette charmante famille dont, pour nous servir des expressions de Bossuet, « l'âme des vertus, c'est la charité ! » C'est ce que Mme de Villette a si bien rendu dans une épitre en vers, écrite à l'occasion de la réception de l'empereur Napoléon III, au château de Ferrières, et dont nous détachons ce fragment :

« Ces biens, fruit du travail et de l'intelligence,
» N'ont jamais fait couler les pleurs de l'indigence ;
» Sous ces pompeux lambris trône la charité.....
» Un Rothschild est toujours digne de sa fortune :
» Toujours pressé d'ouvrir et son cœur et sa main,
» La voix des malheureux, si souvent importune,
» A sa porte jamais ne retentit en vain. »

Aussi peut-on affirmer que cette vertu (la première de toutes, sans laquelle tout serait inutile, — St Paul, *Correspondance* XIII.... 1, 2,) est un des premiers ornements de cette digne et honorable famille, et nous ajouterons que si elle possède la charité dans le cœur, elle ne le montre pas moins tous les jours par ses bonnes œuvres. C'est ce que ces grands bienfaiteurs de l'humanité viennent d'affirmer, hier encore, en apportant, en 24 heures, la somme formidable de 256,000 francs au secours du rigoureux hiver de 1879-1880.

ROUVET (Jean). — Né à Clamecy (1549). Inventeur du flottage à bûches perdues et en train.

S

SADE (Alphonse-François, marquis de). — Homme fameux par ses vices, né à Paris en 1740, épousa Mademoiselle de Montreuil, femme distinguée par ses vertus. Il fut plusieurs fois condamné à mort pour crimes commis pendant des scènes de débauche, et ne dut la conservation de la vie qu'à une succession de commutations de peines. — Condamné à mort par le parlement d'Aix, il se sauva à Chambéry, où il fut arrêté et de là conduit et enfermé à la forteresse de Miolans, le 8 décembre 1772, d'où il s'évada le 1er mai 1773. Il fut successivement enfermé à Vincennes, à la Bastille et à Charenton, et ne recouvra sa liberté qu'à la Révolution. — En 1803, Bonaparte le fit reconduire à Charenton où il mourut, le 2 décembre 1814, à l'âge de 75 ans.

SOUFFLOT (Jacques-Germain). — Architecte du Panthéon, né à Irancy, près Auxerre, le 22 juillet 1713, construisit la basilique de Sainte-Geneviève (le Panthéon de Paris), qui ne put être érigé par lui que jusqu'à la naissance du dôme. Il laissa une grande fortune à son frère et à sa sœur, et mourut dans les bras de son ami, l'abbé de l'Epée, le 29 août 1780, à l'âge de 67 ans. — Ses cendres ont été transportées de la vieille église de Sainte-Geneviève dans les caveaux du Panthéon, le 19 août 1829. (1)

STEPHANUS DE BISANCE (Etienne de Bysance). — Grammairien grec qui vivait durant la première moitié du VIe siècle. — Il est l'auteur d'un important dictionnaire de géographie qui s'est trouvé perdu, à l'exception d'un fragment qui concerne la ville de *Dodone*. C'est le seul fragment qui nous reste. Il est intitulé *De urbibus et populis*. Nous n'avons au surplus que l'abrégé d'un abrégé fait au VIIe siècle par un nommé Hernulum.

(1) Il existe encore aujourd'hui deux membres de cette famille : un petit neveu, M. Soufflot, ancien administrateur des messageries Royales, et une petite nièce, madame Soufflot-Lefèvre (Pontalis), qu'on pourrait à juste titre surnommer la mère des Gracques, car, comme la fameuse Cornélie, madame Soufflot-Lefèvre a aussi dirigé elle-même l'éducation de ses deux fils Amédée et Antonin Lefèvre-Pontalis, députés à l'Assemblée nationale de 1871 à 1876.

SULLY (Max ou Maximilien, baron de Rosni, duc de Béthune et maréchal de France). — Premier ministre de Henry IV, surintendant des finances, né à Rosni (1559 ou 1560), mort en 1641, à 82 ans, le 21 décembre, au château de Villebois, et non, comme certains l'ont cru, à l'hôtel de la rue Saint-Antoine, alors numéroté 24 (aujourd'hui 143), portant encore son nom, et qui fut construit par le riche partisan Gallet. Il appartient de nos jours à M. Lemaire, ingénieur des Ponts et Chaussées.

T

TACITE (*Cornélius-Tacitus*). — Illustre historien, né à Intérame (Ombrie), en 54 ou 55 de J.-C., mort en 130 ou 134. — Neveu d'Agricola, peintre immortel des Césars, un des plus grands écrivains de la langue latine.

TALLEMANT DES RÉAUX. — Ecrivain du XVIIe siècle, auteur des historiettes qui portent son nom, chroniqueur et poète de talent, le Brantôme du XVIIe siècle, né à la Rochelle vers 1619, mort de 1691 à 1701. Ses historiettes sont l'histoire en désabillé. Il se convertit au catholicisme dans les dernières années de sa vie.

TARGET (Gui-Jean-Baptiste). — Jurisconsulte et constituant célèbre, qui prit la plus large part à la Constitution de 1791. A flétri sa mémoire en refusant de se charger, devant la Convention, de la défense de Louis XVI et en confessant sa foi de républicain. — Né à Paris (1733), mort à Molières (Seine-et-Oise), en 1807.

U Y

USHER (Jacques). — Prélat anglican, né à Dublin en 1580, mort en 1656, fut un des plus savants hommes de son temps. — Il est surtout célèbre comme chronologiste; c'est lui, qui a fixé l'an Ier du monde à l'an 4,004 avant J.-C.

YVES ET BARRET. — Inventeurs de la photo-sculpture. — Ont exposé leur invention dans la classe XI des arts appliqués à l'industrie aux diverses expositions universelles. — Parmi les dessins exposés de leur procédé, se trouvait le portrait d'André Giroud de Villette et la reproduction de l'expérience aérienne du 19 octobre 1783, entreprise par Pilâtre de Rozier en compagnie de ce dernier.

On le voit, André Gîroud de Villette a ici encore le dernier mot.

Que n'avons-nous la puissance avec la vision du poète (TERNISIEN D'HAUDRICOURT, *Fastes de la nation française*:)

Tandis que, pour graver les fastes de l'histoire,
Dans le passé Clio cherche la vérité,
Je vois dans le présent des héros plein de gloire,
Et je transmets leurs noms à la postérité.

VIII

GEOGRAPHIE. — Aberdéen. — Les Allobroges. — Les Alpes. — Annonay. — L'Arabie-Pétrée. — Athènes. — Auxerre — Avignon. — Beauséjour. — La Bithynie. — La Buissarate. — La Butte-aux-Cailles. — Les Catacombes de Rome. — Le Cédron — Chevron. — Choisy-le-Roi. — Clamecy — Le Moulin de Croullebarbe. — La Tour de Croy. — Denain. — Les Terres de Dollans. — L'Écosse. — Faremoutier. — Le Forez. — Fleurus. — La Galatie. — Gibraltar. — Grenoble. — L'Idumée. — Iduméens. — Intéramne. — Irancy. — L'Isère. — Issy. — Lyon. — Malplaquet. — Mayence. — Les Meduli. — Le fort de Miolans. — Le Parc de Monceau. — La Butte-Montmartre. — Le Nouvel Observatoire de Montsouris. — Le Château de la Muette. — Passy. — La Terre du Pavillon. — Les Terres de Rantchaux. — L'Empire de Russie — Saint-Cast. — Saint-Cloud. — Saint-Malo. — La Terre de Saint-Martin. — Salem — Saluces. — La côte de Serrières. — La Terre de Thurigny. — Turin. — Ur. — Versailles. — Vaucresson. — La Terre de Vaux — Vidalon-les-Annonay. — La Terre de Villette. — Voiron.

A

ABERDEEN. — Ville et port d'Écosse, à l'embouchure de la Dée, à 190 kilomètres d'Édimbourg; chef-lieu du comté d'Aberdéen; la première ville d'Ecosse pour la marine marchande.

ALLOBROGES ou ALLOBRYGES (Les). — Peuple Gallo-Celte, le plus célèbre et le plus anciennement connu de tous ceux qui, avant les conquêtes des Romains, habitaient la majeure partie de la Savoie et du Dauphiné. Ils sont ainsi nommés par Strabon (1), de même que par les écrivains latins et les inscriptions du temps.

Ailleurs, dans sa *Géographie* (2), Strabon les nomme encore Allobriges, avec un I (*Iota*), comme Polybe, Ptolémée et Étienne de Bysance. — Ainsi Polybe (3) écrit avec un I le passage suivant : « *Allobroges* (Αλλοϐριγες) *Galliœ populus inter Rhodanum et Alpes.* »

Apollodore les nomme *Allobryges*; Charax, Allobroges, par un O (ómicron); Technicus dit, à la vérité : *Vero inquit :* αλλοϐροχ *est gens Gallica.*

Ces peuples de la Gaule transalpine furent soumis par les Romains de 125 à 121 avant J.-C. — Au temps de Jules César, ils habitaient la province appelée, sous l'empereur Octave (César-Auguste), 118 ans avant J.-C., *Narbonensis* (la Narbonnaise), dont Narbo, aujourd'hui Narbonne, était alors la capitale.

Le géographe Strabon (4) donne le nom de Narbonnaise à la partie de la Gaule qui est baignée par la Méditerranée; elle se nommait jadis *Bracata.* — Plus tard, une partie de son territoire forma à lui

(1) T. II, Liv. IV, Page 27. De la Porte du Theil.

(2) T. II, Liv. IV, Page 193.

(3) *Index historicus et géographicus*. Page 211.

(4) Voir sa *Géographie*, T. II. G. 256. Traduction française de De la Porte du Theil. Liv. IV, Chap. VI.

tout seul la province de la Viennoise, dont la capitale fut longtemps Vienne, en Dauphiné, que Pline appelle *Vienna Allobrogum*, et qu'il désigne de cette manière comme étant la capitale du territoire des Allobroges. *In agro* VIENNA *Allobrogum* (Liv. III, chap. v, 6.), et Ptolémée, *Caput Allobrogum* (la ville capitale des Allobroges), *nulla gallica gente, ovibus aut fama inferior*.

Vers l'an 360 de notre ère, les Allobroges perdirent leur antique nom, qui fut remplacé par celui de *Sabaudia* ou *Sapaudia* (Savoie), ancienne province de la Gaule narbonnaise, et ils furent nommés Savoyards.

Ce nom est effectivement fort ancien, puisqu'on le retrouve dans une inscription romaine qui a échappé au rongement du temps, et qui remonte au règne des Antonins ; c'est un rare et ancien monument de l'antiquité de ce nom qui se voit sur une colonne de roc, ronde, placée à la porte de l'église du village du duché de Chablais, nommé Meisery, situé entre Beauregard et Nornier, où on lit encore le nom de Savoie.

Nous reproduisons ici cette inscription, vestige d'antiquité épargné par le temps ; elle est en lettres majuscules et son interponctuation imite grossièrement les formes du style lapidaire :

EPLSEVER
CAI SABADIA.B
M RIBTO T IX
DESIC.... III P.P.ET
ET. ANTONIN
TII. P. C. IIII. COS.DESG

Malheureusement, cette inscription n'a pas encore été reconstituée de manière à pouvoir être traduite.

Le nom des Allobroges a toujours été célèbre et ormidable aux Romains mêmes. Tant de combats, qu'ils ont courageusement soutenus contre eux et contre Annibal, témoignent de leur valeur dont Strabon lui-même fait l'éloge dans son quatrième livre : *Militandi studio*, dit-il, *nulli mortalium secundi.* (Ils ne le cèdent à personne dans l'art de la guerre.) Et Tite-Live nous apprend (Liv. 3. page 31) que « les Allobroges forment une nation puissante et valeureuse. » C'est aussi l'opinion d'Apollodore, qui, suivant Stephanus de Bysance *De urbibus et populis*, t. IV, p. 96, de 51 à 65, les appelle *Populi galliœ potentissimi*, les peuples les plus puissants de la Gaule, et encore *Gallorum* (ou *Gallici*) *fortissimi.*

En 1792, lorsque l'armée française eut fait la conquête de la Savoie, les habitants reprirent le nom d'Allobroges, et furent réunis à la France comme ils le sont aujourd'hui, depuis que cette province a fait retour au dernier Empire, après les victoires de Magenta et de Solférino, par le libre suffrage de ses habitants. Ils formèrent, en 1792, un quatre-vingt-quatrième département, sous le nom de département du Mont-Blanc, comprenant le territoire qui forme aujourd'hui les départements de la Savoie et de la Haute-Savoie, et ils ne furent violemment détachés de nous que par la coalition de 1814. — Le contingent fourni alors à la France par les Savoisiens prit le nom de *Légion des Allobroges.*

ALPES (Les). — Chaîne de montagnes entre la France, la Suisse et l'Italie. Elles bordent ce dernier pays au Nord-Ouest et au Nord, et y montrent des sommets couverts de neiges continuelles. Ce nom signifie hauteur (masse élevée) et vient d'un nom gaulois *Ailp Alb*, appelées par Polybe : (αχροπολεως της ολης Ιταλιας) *Italiæ Arcem* « la citadelle de l'Italie. »

En effet, dans son *Histoire générale de la République romaine*, cet historien, en décrivant le passage des Alpes par Annibal, où il expose que le général carthaginois montre aux siens, du haut de ces montagnes, l'Italie sous son joug, *Annibal ex jugo Alpium suis ostentat Italiam*, nous en parle de la manière suivante :

όυτω γὰρ υποπεπτώκεί τοὶς προειρημένοις ορεσιν, ωστε συνθεωρουμενων άμφοιν αxρόπλεως φαινεσθαι διαθεσιν έχειν τας Αλπεις τῆς ὅλης Ιταλίας. (*Polybe*, t. I, l. III, c. 54) (2).

« L'Italie, en effet, est dominée de telle façon » que les Alpes, à considérer et ces monts et cette » contrée, *semblent former la clef stratégique de* » l'Italie entière. »

ANNONAY. — Sous-préfecture du département de l'Ardèche, la plus grande ville de ce département, importante par ses papeteries, ses mégisseries, ses filatures de soie, et où les frères Montgolfier ont inventé les ballons.

ARABIE-PÉTRÉE (L'). — Formant aujourd'hui, avec l'Arabie Déserte, la contrée d'Arabie, l'une des plus grandes de l'Asie occidentale, dont la capitale est la Mecque, patrie de Mahomet, la terre sainte des Mahométans.

Cette contrée est bornée au nord par la Turquie d'Asie, à l'ouest par le golfe Arabique et la mer Rouge, au sud par la mer des Indes, et à l'est par le golfe Persique et la Turquie d'Asie.

ATHÈNES. — Capitale de la Grèce, appelée par Thucidide (1) « l'institutrice de la Grèce », parce que la nature, prodigue pour son peuple favori, avait réuni dans cette capitale de l'intelligence les plus grands génies. Parmi les vestiges de l'ancienne splendeur de cette illustre cité, on distingue l'Acropolis ou citadelle d'Athènes, les Propylées (2) de l'Acropole avec ses magnifiques vestibules de marbre qui coûtèrent 2,012 talents (3) et furent élevés en cinq ans, et le Parthénon de Pallas ou temple de Minerve, surnommé *Hécatompédon* (4) pour sa belle façade large de cent pieds. — Dans ce temple, on admira longtemps la fameuse statue d'ivoire et d'or le plus pur de Minerve, ouvrage

(1) Célèbre historien grec, né près d'Athènes, vers 471 avant J.-C.

(2) Vestibules d'un temple, portiques qui conduisaient à la citadelle d'Athènes.

(3) Le talent d'argent attique, monnaie qui équivalait à environ 5,750 francs de notre monnaie. Le talent d'or valait dix talents d'argent.

(4) εκατον, cent. ποῦς ou πεδον, pied.

de Phidias, dont les ornements seuls pesaient 40 talents, c'est-à-dire plus de trois millions. Citons encore deux monuments célèbres, qui furent construits sous l'administration de Périclès : l'*Odéon*, destiné aux combats de musique, et l'*Erechtéion* ou le temple d'*Hérecthée* (1) dans la citadelle d'Athènes.

AUXERRE. — (*Alissiodurum* et *Autissiodurum*), chef-lieu du département de l'Yonne, grande et belle ville, autrefois capitale de l'Auxerrois, remonte à une époque très reculée, dont l'origine se perd dans la nuit des temps. — La rivière d'Yonne (*Icauna*), qui traverse cette ville, prend sa source dans les montagnes du Morvan, aux étangs de Belles-Perches (Nièvre). Elle tirait son nom de la déesse Icauna, parce que, au temps du paganisme, les habitants de cette contrée l'avaient divinisée sous le nom de *Icaunæ Fluvius*. L'origine de cette rivière nous serait encore inconnue, si M. l'abbé Lebœuf (1) n'avait trouvé, *sur une pierre* qu'on a employé dans la construction des murs qui font l'enceinte actuelle d'Auxerre, cette inscription : *Deæ Icauni*, où il paraît qu'il faut sous-entendre *fluvii*, où bien lire simplement *Icaunæ*. — La plus ancienne mention qui soit faite de la rivière d'Yonne sous le nom d'*Icauna* est dans la vie de saint Germain d'Auxerre, écrite

(1) *Erechtée* (Mythologie), sixième roi d'Athènes, foudroyé par Jupiter ; il fut mis au nombre des Dieux avec ses quatre filles.

(2) Voir son *Histoire d'Auxerre*.

avant la fin du cinquième siècle, par le prêtre Contance.

AVIGNON. — Chef-lieu du département de Vaucluse, ainsi nommé d'une fontaine fameuse. — Cette ville fut longtemps la résidence des papes, qui l'ont ornée de beaux édifices, entr'autres du palais qu'ils habitèrent et qui porte encore aujourd'hui leur nom.

B

BEAU-SÉJOUR (L'ancien domaine de). — Est aujourd'hui une toute petite maison située à Passy, vis-à-vis le château de la Muette. — C'est tout ce qui reste de l'ancien et coquet domaine de ce nom, ayant appartenu au célèbre Julien Gohin, auquel certains auteurs attribuent l'invention du bleu de Prusse, que d'autres font remonter aux frères Montgolfier.

BITHYNIE (La). — Contrée nord-ouest de l'Anatolie, ancienne contrée de l'Asie-Mineure, bornée au nord par le Pont-Euxin ou mer Noire, à l'ouest par la Propontide ou mer de Marmara, au sud par la Phrygie et la Galatie, et à l'ouest par la Paphlagonie. Villes pincipales : Pruse (Brousse) et Nicée.

BUISSARATE (La). — Modeste hameau à trois kilomêtres de Grenoble, sur lequel surplombe, comme une menace éternelle, l'immense rocher dit le *Casque de Néron*. C'était devenu plus tard un but de promenade des habitants de Grenoble qui y trouvaient des gâteaux renommés qu'ils arrosaient joyeusement d'un petit vin blanc du crû. — C'est là, et non à Marseille, qu'est né, au cours d'un voyage de sa mère à Grenoble, le littérateur et publiciste Louis Raybaud.

BUTTE AUX CAILLES (La). — Cette butte dépendait autrefois du territoire du Petit-Gentilly. Depuis l'annexion, elle se trouve faire partie de la circonscription du treizième arrondissement de Paris. Elle domine la plaine et la vallée du Petit-Gentilly. Ce fut en cet endroit qu'eut lieu la descente de l'ascension de la Muette, le 21 novembre 1783.

C

CATACOMBES DE ROME. — Souterrains employés autrefois à la sépulture des morts, et que les anciens appelaient *Hypogœa*, *Crypta*, *Cimœtaria*. — L'étymologie de ce mot paraît dériver du grec χἀτἀ, autour, auprès, et χυμβος, caveau, cavité, ou τυμбος, tombeau. — Les Catacombes de Rome étaient dans le principe d'anciennes carrières ouvertes dans des bancs de la grande masse de tuf volcanique dont on se servait pour les constructions; elles s'étendaient au loin dans la campagne de Rome. Après l'abandon de leur exploitation, ces carrières, dites *Arénarica*, furent consacrées à la sépulture de différentes familles.

CÉDRON (Le). — Torrent de la Judée, à l'est de Jérusalem, qu'il séparait du mont des Oliviers, coulait dans une vallée profonde et tombait dans le lac Asphaltite ou mer Morte.

CHEVRON ou CIVARO. — Autrefois dans la Gaule narbonnaise, province des Allobroges ; aujourd'hui tout petit hameau de 180 habitants, situé au pied du mont Fayol et de la première chaîne du Jura, commune de Meyzieux, arrondissement de Vienne, chef-lieu de canton (Isère). 710 avant J.-C.

CHOISY-LE-ROI. — Joli village sur les bords de la Seine, à 14 kilomètres de Paris, où il existait autrefois un magnifique château, construit pour Mademoiselle de Montpensier, sur les dessins de Mansart, et possédé successivement par Madame de Louvois, le Dauphin, fils de Louis XIV, et par la princesse de Conti. — A la mort de cette princesse, Louis XV acheta le château (1739) pour Madame de Pompadour.

CLAMECY (*Clémenciacum*). — Sous-préfecture du département de la Nièvre. Tire son nom d'un général romain appelé *Clementius* (*Armès*). — On croit que cette ville fut bâtie, en 655, par saint Pallade, vingtième évêque d'Auxerre. C'est sur les bords de l'Yonne, qui traverse ce département, que saint Pellerin a planté l'étendard de la civilisation, la croix du Sauveur, après avoir renversé les autels de la déesse Icauna. Ce département est un mélange de montagnes (particulièrement celles du Morvan) et de belles plaines. C'est la patrie de Jean Rouvet

1549), l'introducteur du flottage à bûches perdues et en trains.

CROULLEBARBE (Le Moulin de). — Situé autrefois dans la plaine du Petit-Gentilly. C'est près de là aussi qu'eut lieu la descente de l'ascension de la Muette.

CROY (La Tour de). — Sur les bords de la mer, à 5 kilomètres de Boulogne-sur-Mer, où périrent l'infortuné Pilâtre de Rozier et son compagnon de voyage Romain, le constructeur de l'aéro-montgolfière, en tentant la traversée de la Manche en ballon.

D

DENAIN (*Donomium*). — Petite ville du département du Nord, à 9 kilomètres de Valenciennes, célèbre par la mémorable victoire qu'y remporta le maréchal de Villars, le 19 juillet 1712, sur les troupes anglaises, commandées par milord Albémarle, qui fut fait prisonnier.

DOLLANS (Les Terres de). — Dans l'ancienne province de la Franche-Comté, d'où descendaient les seigneurs de Villette. Ces terres furent réunies en marquisat, en faveur de la famille J.-B. de Belot, par lettres patentes de 1606.

E

ECOSSE (L'). — L'une des trois contrées de la Grande-Bretagne, qui en occupe la partie septentrionale. Elle est bornée au nord et à l'ouest par l'océan Atlantique, au sud par les monts Cheviot et la Tweed, rivière qui se jette dans la mer du Nord, à Berwick, et qui la séparent de l'Angleterre. L'Écosse est divisée en deux parties : l'une au nord, appelée *Terres Hautes* ou *Highlands*, et l'autre au sud, appelée *Terres Basses* ou *Lowlands*. La première est très montagneuse et la seconde, au contraire, est composée de vastes plaines. Sa principale ville est Edimbourg, patrie de l'illustre Walter Scott.

F

FAREMOUTIER ou FARE MOUSTIER (*Farense monestarium* ou *Brigense monestarium. Fare monestarium*, ancienne *Evoriacæ*). — Bourg de la Brie (Seine-et-Marne), à 6 kilomètres de Coulommiers, sur un plateau dominant le confluent du grand Morin, dont les eaux limpides arrosent la vallée de l'Aubertin. Ce bourg possédait jadis la célèbre abbaye royale des Bénédictins, fondée par sainte Fare (*Burgondo Fara*), première abbesse de Pharemoutier, en 617, et dont les reliques, ainsi que celles d'autres saintes, sont conservées dans l'église abbatiale. La colline d'Eboriac, sur laquelle est situé ce bourg, a porté, pendant la Révolution, le nom de *Mont-Egalité.*

FOREZ (Le). — Ancienne petite province de l'ancienne France, dans le Lyonnais, et qui forme aujourd'hui une partie du département de la Loire.

Elle fut confisquée, en 1323, par François Ier, sur le connétable de Bourbon. Sa capitale était Feurs, puis Montbrison.

Les *Segusci* (*Segusiaves*) étaient séparés par le Rhône des Allobroges, qui habitaient la gauche du fleuve et occupaient le Forez.

FLEURUS (Champ de bataille de). — Bourg et commune de Belgique, sur trois petits cours d'eau, à 16 kilomètres de Namur. Célèbre par la victoire que les Français y remportèrent sur les Autrichiens, en 1794, sous les ordres du général Jourdan.

G

GALATIE (*Galatia*, *Gallo-Græcia*). — Ancienne contrée d'Asie-Mineure, qui devait son nom aux Galates ou Gallo-Grecs, mélange de Gaulois et de Grecs, qui envahirent l'Asie en 278 avant J.-C. Chef-lieu, Ancyre.

GIBRALTAR (Ville et forteresse de). — Cette fameuse forteresse, située sur une presqu'île qui s'avance dans le détroit de Gibraltar, appartient aujourd'hui aux Anglais. Elle est célèbre par le mémorable siège du duc de Crillon, pendant l'hiver de 1782 à 1783.

GRENOBLE (*Cularo*). — Nom qui lui vient de *Cularum* (lieu reculé), ancienne *Oppidum* des Allobroges ; *Postea Grationopolis* (ville de Gratien), appelée ainsi par l'empereur Gratien qui, en 374, changea son nom, dont on a fait, par la suite, celui de Grenoble. Aujourd'hui chef-lieu du département de l'Isère. Cette ville fut réunie, avec le Dauphiné, à la couronne de France en 1349. Elle fut autrefois la capitale du Dauphiné et est située au milieu des montagnes, qui la dominent, traversée par l'Isère.

Dans la nuit du 24 au 25 novembre 1590, pendant la guerre de la Ligue, le connétable de Lesdiguières, ayant formé le dessein de prendre d'assaut la ville de Grenoble, s'était emparé du pont qui communiquait de la rive droite à la rive gauche de l'Isère, ce qui lui permit de s'avancer du côté de la Buissarate, avec douze cents hommes, et de bloquer la ville. Les premiers soldats arrivent près de la tour du Rabot, où il y avait garnison, et reculent en désordre, ce qui fait croire à Mayrargues, l'un de leurs capitaines, que les ligueurs sont sur leurs gardes, de sorte qu'il fait sonner la charge ; de son côté, Lesdiguières, étant survenu, remet l'ordre parmi ses gens et ranime leur courage. On donne aussitôt l'assaut, puis on monte par des échelles, on enfonce la porte de la ville à coups de haches, et Lesdiguières y entre avec le reste de ses troupes, après quinze jours de siége.— Grenoble est la patrie du chevalier Bayard, de l'écrivain Condillac et du célèbre homme d'État Casimir Périer.

I

IDUMÉE (L').— Ancienne contrée au sud de la Palestine, aujourd'hui de la Syrie, habitée par les

Iduméens ou Edomites, en Asie-Mineure, au nord de l'Arabie-Pétrée.

IDUMÉENS ou EDOMITES (Les). — Anciens peuples de la Palestine qui prétendaient descendre d'Esaü, que l'on nommait Edom, c'est-à-dire le Rouge. Aussi la mer Rouge prenait-elle quelquefois le nom de mer d'Idumée ou d'Edom. Le tétrarque Hérode était Iduméen. Plus tard, Ircan Ier conquit l'Idumée et la réunit à la Judée.

INTERAMNE (*Interamna*.) — C'est-à-dire entre les eaux, aujourd'hui Terni, ville de l'Ombrie, entre deux bras du Ner.

IRANCY.—Bourg de France (Yonne), à 14 kilomètres d'Auxerre, mis à sac en 1568 par les troupes du prince de Condé.

ISERE (Le département de l'). — Sur la rive gauche du Rhône, chef lieu Grenoble, formé d'une partie de la ci-devant province du Dauphiné, qui perdit son unité dans l'immense secousse de 89. — En 1830, il perdit le privilége qu'on lui avait rendu, sous la Restauration, de donner le titre de Dauphin au fils aîné des rois de France, qui ont pris depuis celui de prince royal. — Ce département tire son nom de la rivière de l'Isère, *Isara* (l'Isar des Romains); il est riche en mines de fer, d'argent et de plomb.

ISERE (La rivière d'). — Grande rivière qui prend sa source dans les anciens Etats-Sardes (en

Savoie), dans le creux d'un rocher, aux glacières du mont Iséran, haut de 4,048 mètres, situé à l'extrémité et au-dessous de la vallée de Tignes (en Tarentaise), et non pas à Lanébourg, au pied du mont Cenis, comme l'a écrit un auteur mal informé. — La province de la Tarentaise était contiguë aux grandes Alpes et avait pour capitale Saint-Pierre-de-Moustier (*Monestarium*), ancienne métropole de l'Église gallicane, que Ptolémée appelait *Forum Claudii* (marché de Claude) et Antonin *Tarentasia*. Elle a été inconnue des anciens. Cette rivière passe au-dessous du village de Sée, à la descente du petit Saint-Bernard et du bourg Saint-Maurice, traverse la ville de Moustier, chef-lieu de la Tarentaise, baigne Montmélian et Grenoble, et se jette dans le Rhône près de Valence. — Plancus (*Memacius*), général romain, écrivant à Cicéron, appelle l'Isère un grand fleuve, *Maximum flu-*
» *men*. « *Itaque in Isara*, dit-il, *flumine maximo*
» *quod est in finibus Allobrogum ponte uno die*
» *facto, exercitum ad quartum Eidus maiy tra-*
» *duxi* (1). »

» C'est pourquoi ayant fait jeter en un seul jour un pont
» sur l'Isère, grand fleuve qui finit en Allobroge, je l'ai passé
» avec mon armée le 12 mai. »

Ce général, après avoir traversé ce fleuve avec son armée, se rendit à Chevron (soit *Civaro*). Son frère Plotius Plancus, proscrit par les trium-

(1) Cicéron, Epitre familière, 15, 18 et 24, *liv. X, chap. IV*, de la Gaule, *Plancus à Cicéron, en mai 710.*

virs (43 ans avant J.-C.), offrit sa tête aux bourreaux afin de sauver ses esclaves qu'on avait mis à la torture pour leur faire révéler sa retraite.

Les écrivains grecs, Strabon et Ptolémée nomment cette rivière Isar, l'σαρα, et César et Pline l'appellent *Isara;* Strabon, quand il donne dans sa géographie la description de la Gaule narbonnaise, et qu'il parle des pays compris entre les Alpes et le Rhône (alors les *Cavares*), dont Pline (liv. III, chap. v) désigne ainsi la capitale : « *In agro cavarum* VALENCIA.... » (dans le territoire des Cavares, Valence), désigne aussi ce fleuve dans le passage qui suit sous le nom d'*Isaros* (L'*Isaros Græcæ*).

Πορθμειω δὲ διαβασίν εις Καβαλλιωνα πολιν ἣ εφεξῆς χωρα πασα Καουάρων εστι μεχρι των Ισαρος συμβολων προς τον Ροδανον (1).

» Là, nous mettons le pied sur le territoire de Cavares, qui
» s'étend à son tour jusqu'au confluent de l'*Isar* et du Rhône. »

Pline compare ce fleuve au Rhône; car en parlant du Rhône dans son *Histoire naturelle*, liv. III, chap. v, tome Ier, page 159 de la *Collection des auteurs latins*, à propos de la province Narbonnaise, il dit : (RHODANUS) « *Ex Alpibus se rapiens per Lemmanum lacum segnem que deferens Ararim, nec*

(1) CICÉRON, Epitre familière. ~~15. 10 et 24, liv. X, chap. IV, de la Gaule, Plancus à Cicéron, en mai 710.~~ (Liv. 4, chap. I, alinéa 11).

» *minus se ipso torrentes Isarum et Druentiam.* »
» (LE RHONE), se précipitant du haut des Alpes,
» traverse le lac Léman, *et entraîne avec lui*
» *la Saône paresseuse ainsi que l'Isère* et la Du-
» rance, *non moins rapide que lui.* »

C'est ce qui explique pourquoi, dans Cicéron, Plancus appelle aussi l'Isère un grand fleuve.

ISSY. — Petite commune à l'Est de Paris, attenant au village de Vanves. — Les dames religieuses du couvent des Oiseaux de Paris y ont une superbe résidence, qui est la succursale de leur maison mère, et où les plus jeunes pensionnaires de cet établissement religieux passent les premières années de leurs études.

L

LYON. — Autrefois capitale du Lyonnais, aujourd'hui la seconde ville de France et chef-lieu du département du Rhône, au confluent du Rhône et de la Saône. — Ce département est le plus petit de la France, après celui la Seine. Il est couvert de montagnes et possède des côteaux fertiles, notamment ceux du Beaujolais. Son grand commerce est l'industrie de la soie. — Patrie de Philibert Delorme, célèbre architecte, du botaniste Jussieu, du savant André Ampère et de l'économiste J.-B. Say.

M

MALPLAQUET.—Hameau dépendant de la commune d'Aisnières-sur-Hon, arrondissement d'Avesnes, à 26 kilomètres de cette ville (Nord), rendu célèbre par la glorieuse défaite du maréchal de Villars à la bataille qui fut livrée le 11 janvier 1709.

MAYENCE. — Place forte, capitale du grand duché de Darmstadt, ville d'Allemagne sur la rive gauche du Rhin, au confluent de ce fleuve et du Rhin; pays très fertile en vins renommés.

MIOLANS (Le fort). — Ancien château du duché de Savoie, qui domine la vallée avoisinant Miolans, autrefois habitée par un ancien peuple de la Maurienne, que quelques-uns prennent pour les *Medulli* de Ptolémée, et que l'on désignait, au moyen âge, sous le nom de *Castrum Medullum*, qu'il ne faut pas confondre avec les Médulles (*Medulli*) peuple de la Gaule deuxième, qui faisait partie des *Bituriges-Vivisques* et qui a formé plus tard le Médoc. Ce fort est situé dans la commune de Saint-Pierre-d'Albigny, au-dessus de l'Isère, sur le sommet d'un rocher escarpé, presque à pic, qui domine une grande partie du pays. On raconte qu'un des prisonniers, qu'on croit être le marquis de Sade, parvint à s'échapper en se laissant glisser le long des rochers à pic, soutenu simplement par des lanières formées des lambeaux de ses draps et de ses couvertures. Le marquis de Sade et l'Italien Lavin y ont été enfermés.

MONCEAUX (Le Parc de). — Aujourd'hui converti en un magnifique square, et situé dans le huitième arrondissement de Paris. C'est là qu'eut lieu, le

1er brumaire, an VI (22 octobre 1797), l'ascension de l'aéronaute Garnerin, devenu surtout célèbre par sa descente, en parachute, de 1,000 mètres de hauteur.

MONTMARTRE (La Butte). — Une des anciennes communes à l'ouest de Paris, qui fait partie aujourd'hui, et depuis l'annexion, du dix-huitième arrondissement de la eapitale. On y découvre, dans toute son étendue, la ville de Paris et ses gracieux environs.

Cet ancien pays, qui s'est appelé autrefois *Mons-Martis* et *Mons-Martyrum*, est situé sur une mon tagne conique à peu près isolée, et remonte à une haute antiquité. L'étymologie de son nom le plus véritable paraît être due à un temple païen, consacré au dieu Mars, qui aurait existé jadis sur cette butte appelée *Mons-Martis* et plus tard *Mons-Martyrum*, parce que ce fut au pied de cette montagne que saint Denis et ses compagnons furent martyrisés. En 1133, Burchard de Montmorency, à qui Montmartre appartenait, le céda à Louis le Gros et à la reine Adélaïde, son épouse, qui y fondèrent l'abbaye de religieuses de l'ordre de saint Benoît, célèbre tour à tour par la piété et le dérèglement de ses nonnes. — Henri IV y établit son quartier général pendant les guerres de la Ligue ; il sut se faire aimer d'une jeune religieuse, nommée Marie de Beauvilliers, cousine de Gabrielle d'Estrées, qu'il fit abbesse de Montmartre, lorsque les brillants attraits de Gabrielle eurent effacé du cœur du monarque la douceur et le charme de la naïve religieuse. C'est là le roman, si ce n'est pas tout à fait l'histoire, et le Navarais était encore huguenot.— Dans les premiers mois de 1789, une sorte d'atelier national, composé particulièrement de Piémontais, fut établi à Montmartre et remplit un rôle, qui n'a pas été historiquement apprécié dans les journées qui ont précédé la prise de la Bastille. — L'abbaye de Montmartre fut détruite en 1794.

MONTSOURIS (Le nouvel Observatoire de). — Situé dans le quatorzième arrondissement, à l'est de Paris, au milieu d'un magnifique parc, sur les hauteurs de Montrouge et les pentes de la vallée de la Bièvre, cet observatoire a été placé à l'endroit le plus élevé, où a été reconstruit, pour cette destination, le palais du bey de Tunis, joli édifice dans le style mauresque, à quatre coupoles, qui se trouvait à l'Exposition de 1867. M. Marié Davy, astronome distingué, un des anciens élèves de Sainte-Barbe-Rollin, en est aujourd'hui le directeur.

MUETTE (Le château de la). — La plus importante et la plus belle propriété de Passy. Ce séjour, qui appartenait au Dauphin, a été habité par Marie-Antoinette, vers 1780. Il est aujourd'hui la propriété de Madame Erard, la veuve du célèbre facteur de harpes et de pianos. Ce fut là qu'eut lieu la seconde ascension de Pilâtre de Rozier, le 21 novembre 1783, en présence de Monseigneur le Dauphin et de son Altesse Royale.

P

PASSY. — Ancien village à la porte de Paris et à l'entrée du bois de Boulogne, aujourd'hui l'une des seize communes comprises dans l'enceinte de Paris, et forme depuis l'annexion, — loi du 16 juillet 1859 qui étendit aux fortifications les limites de Paris, — un des quartiers du seizième arrondissement. On y remarque l'ancien château de la Muette, dont il a été fait mention plus haut.

PAVILLON (La terre du). — Ancien fief seigneurial, dans l'ancienne province du Nivernais, ayant appartenu autrefois à la famille Giroud de Villette.

R

RANTECHAUX (Les terres de). — Ancien fief seigneurial, dans l'ancienne province de la Franche-Comté, érigé en marquisat, en 1606, en faveur de la famille de Belot, déjà nommée.

RUSSIE (L'Empire de). — Capitale, Saint-Pétersbourg, à l'embouchure de la Néva, la plus grande contrée de l'Europe, dont elle occupe la partie orientale ; célèbre par la rigueur de son climat. — La religion dominante est la religion grecque, une des trois grandes branches du christianisme. — Le tzar est le chef suprême de l'Eglise grecque en Russie.

S

SAINT-CAST (La baie de). — Située en Bretagne, dans le département des Côtes-du-Nord, est célèbre par la victoire remportée sur les Anglais, en 1758, sous le commandement du duc d'Aiguillon.

SAINT-CLOUD ou CLODOALD. — Village du département de Seine-et-Oise, à 8 kilomètres de Paris, qui tire son nom de l'hermitage fondé sur les bords de la Seine par le prince Clodoald (le troisième des fils de Clodomir), où il se retira pour consacrer à Dieu le reste de son existence. C'est dans ce lieu que s'élevait encore, avant la dernière guerre, un château royal, entouré de magnifiques jardins dont les cascades jouissaient avec raison d'une renommée universelle.

SAINT-MALO (Le port de). — Ce fameux port est situé à l'embouchure de la Rance. La ville de Saint-Malo, ville forte et maritime, sous-préfecture d'Ile-et-Vilaine (en Bretagne), est bâtie sur l'île d'Aron, qui ne tient au continent que par une chaussée baignée deux fois par jour par les eaux de la mer. — C'est la patrie du grand écrivain Châteaubriand et des marins Jacques Cartier, Duguay-Trouin, Surcouf, du célèbre médecin Broussais et de l'abbé de Lammenais, l'un des plus grands écrivains de notre époque. Malheureusement, sa fin ne fut digne ni de lui-même, ni d'un Breton : il mourut dans une impénitence absolue. Voici, d'après un document, authentique, extrait de la *Correspondance posthume de Lamennais* publiée par Forgue et affirmé par M. Henry Martin et deux autres de ses amis, exécuteurs verbaux de ses dernières volontés, l'entretien que Lamennais aurait eu avec sa nièce « Féli, veux-tu un prêtre? N'est-ce pas tu veux un prêtre. » Lamennais répondit: Non. La nièce reprit: « Je t'en supplie! » Mais il dit d'une voix plus forte: « Non, non, non; qu'on me laisse en paix! »

« La nièce et son amie, ayant promis de ne plus faire de tentatives, restèrent au bord du canapé à prier.

Le lendemain 26 février 1854, à 9 heures 33 minutes du matin, Lamennais expirait.

Prions Dieu pour le repos de son âme.

SAINT-MARTIN (La terre de). — Ancien fief seigneurial, dans l'ancienne province du Nivernais, ayant appartenu autrefois à la famille Giroud de Villette. Aussi remarque-t-on *dans l'acte de naissance* du père de l'auteur de cet ouvrage que son nom primordial s'y trouve accompagné et suivi de la dénomination de ce domaine de famille, soit: *Giroud de Villette* DE SAINT-MARTIN.

SALEM (*Jebus Salem*). — Jérusalem, *Hierolsoyma* ou *Solima* (en Syrie), sur le Cédron, non loin de la mer Morte, ancienne capitale de la Palestine, la plus célèbre du monde, où se sont accomplis les principaux mystères de la religion chrétienne.

Cette ville eut pour premier nom *Jebus*, lors de l'entrée des Israélites dans la Terre promise. Elle fut détruite, la première fois, par Nabuchodonosor, en 587 avant J.-C. — Jérusalem, la ville sainte, ainsi appelée dans l'Evangile de saint Mathieu, à cause de son temple, est aujourd'hui le chef-lieu d'un sandjak de Syrie (pachalik de Damas) et le siége d'un patriarche arménien.

SALUCES, en italien *Saluzzo* (suivant Pline : *Augusta Vagiennarum*). — Ville des Etats-Sardes, ancien marquisat. Quelques géographes voient dans *Augusta Vagiennorum*, *Bassignagna*, bourg des Etats Sardes, près Coni.

SERRIERES (La Côte de). — Près d'Annonay (Ardêche), qui conduit au village de Serrières. Ce fut là que mourut Étienne de Montgolfier, l'inventeur des aérostats, le 2 août 1799, dans une propriété qu'il y possédait.

T

THURIGNY (La terre de). — Ancien fief seigneurial dans l'ancienne province du Nivernais, ayant appartenu autrefois à la famille Giroud de Villette. Madame Giroud de Villette, née Giroud de Thurigny, mère de l'auteur de ce livre, portait le nom de cette terre qui avait appartenu à son aïeul paternel.

TURIN. — Ancienne capitale du royaume du Piémont, grande et belle ville sur le Pô. — Patrie de Mme André Giroud de Villette (née de Ferrero), dont le mari s'est illustré par son dévouement à la science et par sa mémorable ascension du 19 octobre 1783, en accompagnant, le premier de tous, le célèbre aéronaute Pilâtre de Rozier.

U

UR. — Ville de la Mésopotanie en Chaldée, au nord-est de cette contrée, dont les habitants adoraient le soleil. C'était en raison de ce culte qu'on lui a donné le nom de Ur, qui en hébreu signifie *Feu*. — Cet ancien pays d'Asie est maintenant le Curdistan, province de la Turquie d'Asie.

V

VAUCRESSON (Carrefour Maréchal). — Dans le bois de). — Ce fut en cet endroit que s'abattit, le 19 septembre 1783, l'aérostat enlevé à Versailles, avec la cage renfermant un coq et un mouton. Ce bois, qui prend son nom d'un des plus charmants village des environs de Paris, près Versailles, est entouré des sites les plus ravissants.

VAUX (La terre de). — Donnée par Dagobert Ier à Saint-Pallade, évêque d'Auxerre, qui la détacha de l'église de Saint-Étienne, pour la fondation de la ville de Clamecy.

VERSAILLES. — Chef-lieu du département de Seine-et-Oise, ancienne résidence des rois de France où eut lieu en présence du roi Louis XVI et de toute sa cour l'expérience aérostatique du 19 septembre 1783.

Le château, bâti sous Louis XIV et Louis XV, est occupé aujourd'hui par un Musée historique, et vient d'être évacué par le gouvernement qui s'y était établi en 1871.

VIDALON-LES-ANNONAY. — Petit bourg près Annonay (Ardèche), où sont situées les célèbres papeteries des Montgolfier. C'est là patrie des frères Joseph et Étienne de Montgolfier, inventeurs des aérostats.

VILLETTE (La terre de). — Ancien fief seigneurial, dans l'ancienne province du Nivernais, ayant appartenu autrefois à la famille Giroud de Villette. Elle est devenue plus tard la propriété du célèbre banquier Thomas-Varennes, et après lui de la famille de Rigny.

VOIRON. — Ville du département de l'Isère, bâtie au pied d'un riant côteau, traversé par le ruisseau de la Morge, qui y fait mouvoir un grand nombre d'établissements industriels, dont les principaux sont ses fabriques de draps et ses riches manufactures de papier. Cette ville était autrefois défendue par son château-fort, construit dans une position formidable. Elle est la patrie du chevalier Claude d'Espilly, président à mortier, au parlement de Grenoble, né à Voiron, le 21 décembre 1561, mort, le 25 juillet 1636, à soixante-quatorze ans, et dont la vertu, la bienfaisance et l'étude avaient réglé l'emploi de sa vie entière. Voici comment il dépei sa chère patrie, dans un quatrain que nous extrayo d'un de ses nombreux recueils de poésies diverse publié en 1624, et dont nous respectons l'orth graphe du temps :

« Mon doux Voiron, dont les collines vertes
« Sont de vin, et de fruits, et de plantes couvertes,
« Dont les mons relevez vont en toute saizon
« Fournissant de laitage et de bois la maison. »

BIOGRAPHIE SUPPLÉMENTAIRE (1)

Cornélie. — Jean-Baptiste Dumas. — Jésus-Christ. — Juvénal Thiers. — Tite-Live. — Le maréchal duc de Villars. — Walter-Scott.

CORNÉLIE. — Fille de Scipion, la mère des Gracques, qui dirigea elle-même leur éducation et les entoura des plus habiles maîtres de la Grèce.

Malgré les louanges que l'histoire adresse à la fameuse Cornélie, malgré ses mérites et malgré ses vertus, la mère des Gracques n'est pas restée exempte de la critique des satiriques; c'est ainsi que Juvénal, en parlant de cette femme stoïque dans sa satire VI, dit « qu'il préférerait une paysanne de Venouse à Cornélie, mère des Gracques, qui, avec ses grandes vertus, ne lui apporterait que des habitudes d'orgueil, et croirait ajouter ainsi à sa dot les trophées de ses aïeux. » — Après la mort de ses fils, on éleva publiquement dans le Forum, à leur illustre mère, une statue au bas de laquelle était tracée cette inscription remarquable :

CORNÉLIE, MÈRE DES GRACQUES.

(1) NOTA. Quelques-uns des noms inscrits sur les fiches biographiques ayant été oubliés dans le chapitre VII, nous réparons ici cette omission.

DUMAS (Jean-Baptiste). — Membre de l'Académie française et de l'Académie des Sciences, éminent chimiste autant que littérateur distingué.

JÉSUS-CHRIST (1). — Notre divin Sauveur, Pontife éternel de l'Église chrétienne, selon Melchisédech, personnage célèbre de la troisième époque, la Genèse (origine), 1er livre de la Bible. Rien ne prouve mieux la sublime vérité de la religion chrétienne et la divinité de son fondateur que le dévouement surhumain des saints pontifes qui ont mérité d'être ses représentants ici-bas. Tous ou presque tous ont offert leur vie et enduré le martyre pour cette foi, qui, après le sacrifice, leur montrait au delà des souffrances et du tombeau des joies ineffables dans un monde de délices éternelles.

JUVÉNAL (*Decimus* ou *Decius* — *Juvius Juvenalis*). — Poète satirique latin, né à Aquinum en Apulie, vers l'an 42. Fut quelque temps avocat.

Nous rétablissons ici, dans toute sa pureté, le texte de la citation que nous avons déjà faite, page 156, du grand satirique, d'après la savante version de M. Désiré Nisard :

Tunc prurigo moræ impatiens, tunc femina simplex,
Et pariter toto repetitus clamor ab antro :

(1) Notre-Seigneur, dont le saint nom, rapporté page 88, sert ici d'origine au nom de Melchisédech et de celui de ce dernier à ceux d'Abraham et d'Aaron, tous trois précédemment indiqués, pages 145, 114 et 113.

Jam fas est ; admitte viros! Dormitat adulter
Illa jubet sumpto juvenem properare cucullo ;
Si nihil est, servis incurritur, abstuleris spem
Servorum, veniet conductus aquarius : hic si
Quæritur et desunt homines, mora nulla per ipsam,
Quo minus imposito clunem submittat asello.

(SATIRE VI.)

THIERS (Louis-Adolphe). — Né à Marseille en 1795, mort à Saint-Germain-en-Laye en 1878, à l'âge de 83 ans. — Premier Président de la République française, académicien et auteur de l'*Histoire de la Révolution française, du Consulat et de l'Empire.*

La France doit honorer en lui le grand patriote à qui l'on doit, avec la répression de la Commune, la libération du territoire et la conservation de Belfort. — Il donna sa démission le 24 mai 1873, et rentra dans la vie privée.

TITE-LIVE (*Titus-Livius*). — Né à Padoue sous le consulat de Pison et de Gabinus, l'an 694 de Rome (59 ans avant J.-C.), mort l'an 770 de Rome, sous Tibère, 19 ans après J.-C. Son histoire romaine n'a point d'égale dans la littérature ancienne, et il occupe le premier rang parmi les historiens latins.

VILLARS (Le maréchal de France, duc de). — (1655-1784). Remplaça Catinat, fut vainqueur à Friedlingen (1702) et à Hochstedt (1703); vaincu et blessé à Malplaquet, il prit sa revanche sur le prince Eugène à Denain, le 31 juillet 1712, et sauva la France par cette victoire mémorable.

WALTER-SCOTT. — Célèbre romancier, né à Edimbourg, en 1771, mort en Écosse, dans son château d'Abbostfort, à l'âge de 61 ans. — Il se fit d'abord connaître par ses poésies; ce ne fut qu'en 1814 qu'il imagina de composer ses romans historiques dont les reproductions sont universelles. — Ses ouvrages lui rapportèrent plus de six millions.

Indulgentia dignus est labor arduus.

TABLE

Paris — Imp. V FILLION et Cie, 18 et 18 bis, rue des Martyrs.

www.ingramcontent.com/pod-product-compliance
Ingram Content Group UK Ltd.
Pitfield, Milton Keynes, MK11 3LW, UK
UKHW012214240726
13966UKWH00002B/741